太陽光・風力発電の安定供給対策

新田目 倖造 著

電気書院

ま　え　が　き

　太陽光発電，風力発電は環境にやさしい国産の再生可能エネルギーで，最近の電力系統に急速に増加している．しかしその発電電力は，日射量や風速のような自然条件に左右されて大幅に変動し，火力発電や原子力発電のように人間による自由なコントロールが効かない不安定電源であり，最近一部の系統で余剰電力も発生している．1日の時間帯，平日と休日，季節によって変化する電力需要に安定に供給するためには，需要の時間的変化に追従して，常に発電電力＝需要電力のバランスがとれるように供給電力をコントロールする必要があるが，太陽光・風力発電はコントロールできないために，何らかの安定化対策によって供給力全体として需給バランスをとる必要がある．

　安定化対策としては，
① 蓄電設備との併用
② 水力，火力，原子力などの安定電源との併用
③ 他の電力系統との連系，電力需要の調整など
があげられる．①は太陽光または風力発電の供給力が電力需要を上回った時に，余剰電力を蓄電設備に蓄えておき，供給力が不足な時に蓄電設備から電力を取り出して需要に供給するもので，蓄電設備としては，蓄電池，揚水発電，水素貯蔵（余剰電力で水素を作って貯蔵し，必要な時に水素で発電する）などがある．②は電力需要と太陽光・風力発電の差を水力・火力・原子力などの安定電源でバックアップ調整するもので，発電設備が太陽光・風力発電と安定電源が重複した二重設備となり，火力の場合は二酸化炭素を排出する．③は他の電力系統と連系して，太陽光・風力発電を含む供給力が過剰な時にはその分を他系統に送電し，不足な時は他系統から受電して需給バランスをとる．また，時間的に調整できる需要については，供給力が過剰な時には電力需要を増加し，不足な時には電力需要を減少することによって需給バランスをとるものである．いずれも他系統の電力受け入れ余力や，需要特性などによって安定化の効果が左右される．

　勿論，これらの組み合わせもありそれが現実的であるが，本書では基本的な特性を見極めるために，主に①と②単独のケースすなわち，①太陽光・

風力発電と蓄電設備（以下単に蓄電池と総称する）を併用する場合と，②同じく安定電源を併用する場合の2ケースについて，検討する．

　第1章では，パリ協定をふまえた地球温暖化対策，第5次エネルギー基本計画，長期エネルギー需給見通しについて概観し，その中で将来の主力電源と見られている太陽光，風力発電の電力系統における特性と安定化対策について解説する．

　第2章では，自立型電源として太陽光発電のみで電力需要に供給する場合，必要となる発電および蓄電池容量について，全国，各エリア，東北エリアの実績モデルについて検討する．

　第3章では，同様に自立型電源として風力発電のみで電力需要に供給する場合，必要となる発電および蓄電池容量について，実績モデルについて検討する．

　第4章では，太陽光発電と安定電源を代表して火力発電を併用する場合の東北エリアの需給実績モデルについて，年間毎時間ごとの需給バランス，余剰電力について検討する．

　第5章では，同様に風力発電と安定電源を併用する場合の東北エリアの需給実績モデルについて，年間毎時間ごとの需給バランス，余剰電力について検討する．

　第6章では，上記の検討結果にもとづいて，太陽光，風力発電の安定化対策実施後の供給コストについて，発電単独コストと比較，検討する．

　第7章では，最近の内外の高脱炭素技術の動向について，大電力貯蔵技術，二酸化炭素回収・貯留技術（CCS），高脱炭素電源ミックスの研究状況を紹介し，今後の超長期電源ミックスについて現時点での共通認識と見られる考え方をとりまとめた．

　これらの検討が，今後の太陽光，風力発電の導入拡大と電力エネルギーの安定供給に少しでも参考になれば幸甚である．

　2019年10月

　　　　　　　　　　　　　　　　　　　　　　　　著者記す

目　次

第1章　エネルギーの長期展望と太陽光・風力発電

1・1　地球温暖化対策 ………………………………………………… 2

1・2　エネルギー基本計画 …………………………………………… 5

1・3　変動再生可能エネルギーの系統特性 ………………………… 9

1・4　変動再生可能エネルギーの安定化対策 …………………… 12

第2章　太陽光発電と蓄電池による供給

2・1　太陽光発電と蓄電池の短期需給バランス ………………… 16

2・2　太陽光発電と蓄電池の年間需給バランス ………………… 17

付録2・1　太陽光・風力発電の低出力期間に必要な蓄電池容量 …… 29

付録2・2　エネルギー導入率と容量導入率 ………………………… 32

第3章　風力発電と蓄電池による供給

3・1　風力発電と蓄電池による短期需給バランス ……………… 36

3・2　風力発電と蓄電池による年間需給バランス ……………… 37

付録3・1　風力発電の短周期変動の平準化に必要な蓄電池容量 …… 46

目　次

第4章　太陽光発電と安定電源による供給

4・1　シミュレーションによる需給バランスの算定 …………………… 50

4・2　持続曲線による需給バランスの算定 ………………………………… 53

付録4・1　太陽光・風力発電が余剰を生じる導入率 ……………… 58

付録4・2　持続曲線による太陽光発電と火力発電併用時の
　　　　　余剰電力近似計算 ………………………………………… 60

第5章　風力発電と安定電源による供給

5・1　シミュレーションによる需給バランスの算定 …………………… 64

5・2　持続曲線による需給バランスの算定 ………………………………… 66

第6章　太陽光・風力発電の安定供給コスト

6・1　太陽光・風力発電と蓄電池による供給コスト ………………… 70

6・2　太陽光・風力発電と安定電源による供給コスト …………… 74

第7章　最近の高脱炭素技術の動向

7・1　最近の大電力貯蔵技術 ………………………………………………… 78

7・2　二酸化炭素の回収・貯留技術（CCS） ……………………………… 82

7・3　海外の高脱炭素電源ミックスの研究 ………………………………… 85

7・4　2050年の電源ミックスの展望 ……………………………………… 91

索引 …………………………………………………………………………………… 95

第1章

エネルギーの長期展望と太陽光・風力発電

要 旨

- 2015年のパリ協定では，世界共通の長期目標として地球温暖化を防止することとし，日本を含む主要先進国では，温室効果ガスの排出を2030年までに25〜30％，2050年までに80％以上削減することとしている.

- このために日本では，2018年の第5次エネルギー基本計画で，2011年の東京電力福島第一原子力発電所の事故と教訓を肝に銘じ，安全性，安定供給，経済効率性の向上，環境への適合すなわち3E＋Sを基本方針として，温室効果ガスの長期的削減を目指したエネルギー転換・脱炭素化に挑戦することとしている.

- そのなかで，太陽光・風力発電は経済的に自立した主力電源を目指して，蓄電池・水素システムの開発などに取り組み，原子力発電は温室効果ガスの排出のない重要なベースロード電源であるが可能なかぎり低減させ，化石燃料の火力発電は脱炭素化を進めることとしている.

- 太陽光・風力発電は，変動再生可能エネルギー（VRE）と呼ばれ，出力が変動し，不安定であり，設備利用率が低く，それだけでは電力需要に安定供給ができない.

- VREの安定化対策としては，①蓄電設備との併用，②バックアップ用の安定電源との併用，③他の電力系統との連系，電力需要の調整があげられるが，以下の章では，①と②について具体的に検討を進める.

1・1　地球温暖化対策

(1)　気候変動抑制に関する多国間の国際協定（パリ協定）

　地球温暖化問題は，その予想される影響の大きさや深刻さからみて，人類の生存基盤にかかわる安全保障の問題と認識されており，最も重要な環境問題の一つである．

　すでに世界的にも平均気温の上昇，雪氷の融解，海面水位の上昇が観測されているほか，わが国においても平均気温の上昇，暴風・台風などによる被害，農作物や生態系への影響などが観測されている．気候系に対して危険な人為的干渉を及ぼすこととならない水準で大気中の温室効果ガスの濃度を安定化させ，地球温暖化を防止することは人類共通の課題である．

　このために 2015 年 12 月，パリで開催された第 21 回気候変動枠組条約締約国会議（COP21）で，パリ協定と呼ばれる気候変動抑制に関する多国間の国際的な協定（合意）が採択された．2016 年 11 月の時点で，192 か国と欧州連合（EU）が，本協定を締結した．

　パリ協定では，世界共通の長期目標として，産業革命前からの世界平均気温の上昇を 2 ℃より十分下方に保持するとともに，1.5 ℃に抑える努力を追求することとした．

　このために，人為的な温室効果ガスの排出と吸収源による除去の均衡を今世紀後半に達成すること，すべての国は，自国が決定する貢献を 5 年ごとに提出・更新することとした．

　また，2015 年 6 月開催の G7 サミットの先進国首脳宣言では，世界全体の温室効果ガスの排出削減目標に向けた共通のビジョンとして，2050 年までに 2010 年比で 40 ％から 70 ％の幅の上方の削減とすることを気候変動枠組条約の全締結国と共有すること，長期的な各国の低炭素戦略を策定することなどが盛り込まれた．

（2） 地球温暖化対策計画

　わが国としてもパリ協定を踏まえて，国際的な協調の下で，先進国として率先的に取り組むこととし，2016 年 5 月，地球温暖化対策計画が閣議決定され，温室効果ガスの削減目標が次のように定められた．

① 　中期目標（2030 年度削減目標）：2013 年度比 26 ％削減

② 　長期目標（2050 年目標）：同じく 80 ％削減

　主要国の温室効果ガスの削減目標は**表 1・1**，**表 1・2** のように，わが国の目標と同程度となっている．

表 1・1　主要国の温室効果ガス削減の中期目標[1]

	国	削減目標
先進国	アメリカ	2025 年までに，2005 年比で 26〜28 ％削減．28 ％削減に向けて最大限努力
	EU	2030 年までに，1990 年比で国内で少なくとも 40 ％削減
	ロシア	2030 年までに，1990 年比で 25〜30 ％削減が長期目標となり得る
	日本	2030 年までに，2013 年比で 26 ％削減
	カナダ	2030 年までに，2005 年比で 30 ％削減
途上国	中国	2030 年までに，2005 年比で GDP あたりの CO_2 排出量を，60〜65 ％削減
	インド	2030 年までに，2005 年比で GDP あたりの CO_2 排出量を，33〜35 ％削減
	韓国	2030 年までに，特段の対策のない自然体ケースに比べて 37 ％削減

＊先進国は大きな削減努力を有する目標で達成が容易でなく，途上国は容易に目標達成ができることも予想されるが，グローバルでいかに削減していくかが重要[2]

---

[1] 　環境省ウェブサイト：主要各国の温室効果ガス排出削減目標（約束草案 NDC，2015 年12 月時点）

[2] 　秋元圭吾：パリ協定国別貢献 NDC の排出削減努力・政策評価，RITE（地球環境産業技術研究機構），（2017 年）

第1章　エネルギーの長期展望と太陽光・風力発電

表1・2　主要国の気象変動対策の長期戦略[3]

国	2050年温室効果ガス削減目標		エネルギー部門の姿
	全部門合計	エネルギー部門	
ドイツ	80〜95 % （90年比）	92 % （90年比）	・長期的には電力はすべて再生可能エネルギー ・石炭火力発電の段階的削減 ・電力コストを抑えつつ需給バランスを確保
フランス	75 % （90年比）	96 % （90年比）	・効率改善，電化，平準化による需要対策 ・火力発電への投資のコントロール，CCS導入検討 ・水力発電，蓄電ネットワーク，Power to gas/heat，国際連系線による柔軟性確保 ・再エネ熱（バイオマス熱など），廃熱利用，地域熱供給の拡大
イギリス	80 %以上 （90年比）	低炭素電源比率 99 %	・電力部門からの温室効果ガス排出ほぼゼロ（再エネ・原子力などの低炭素電源80 %以上，石炭火力発電はフェードアウト） ・系統連系の拡大，電力貯蔵，デマンドレスポンスにより，柔軟なシステムの実現 ・自動車，冷暖房の電化が進むと見込まれる一方，水素などが代替する可能性
カナダ	80 % （2005年比）	・総エネルギー消費に占める電力シェア：40〜72 %	・さらなる電源の低炭素化（現在80 %が低炭素電源） ・電化により発電量が増加
アメリカ	80 %以上 （2005年比）	・一次エネルギー消費20 %以上削減（2005年比） ・クリーン電源比率92 %	・再エネの急伸でほぼすべてが低炭素電源，経済成長と電化により発電量増加 ・CCUSのない火力発電はフェードアウト ・エネルギー貯蔵，送電網，デマンドレスポンス，ダイナミックプライシング，予測技術向上によるシステムの柔軟性が重要
日本 （長期低炭素ビジョン）	80 %以上 （2005年比）	・低炭素電源の発電電力量比率9割以上	・再生可能エネルギーを最大限利用 ・ほとんどの火力発電においてCCSやCCUSを実装 ・「需要に応じた供給」から「供給を踏まえて賢く使う・貯める」に

[3]　環境省，地球環境部会，長期低炭素ビジョン小委員会：各国の長期戦略の概要について（2017年）

このような大幅な排出削減は，従来の取組みの延長では実現が困難である．したがって抜本的排出削減を可能とする革新的技術の開発・普及などのイノベーションによる解決を最大限に追求するとともに，国内投資を促し，国際競争力を高め，国民に広く知恵を求めつつ，長期的・戦略的な取組みの中で大幅な排出削減を目指し，また，世界全体での削減にも貢献していくこととしている．

1・2　エネルギー基本計画
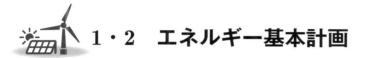

　2011年3月の東京電力福島第一原子力発電所事故の反省と教訓を肝に銘じ，パリ協定を受けて2050年を展望し，長期的に安定した持続的・自立的なエネルギー供給により，わが国経済社会のさらなる発展と国民生活の向上，世界の持続的発展への貢献を目指して，2018年7月，第5次エネルギー基本計画[4]が閣議決定された．その概要は次のとおりである．

(1)　エネルギー基本方針と中長期的対応

　わが国のエネルギー基本方針は，安全性（Safety），安定供給（Energy security：資源自給率の向上），経済効率性の向上（Economy efficiency），環境への適合（Environment），すなわち「3E＋S」である．
　中期的には，2030年に向けて温室効果ガス26％の削減を目指したエネルギーミックスの確実な実現に取り組むとともに，長期的には2050年に向けて温室効果ガス80％の削減を目指したエネルギー転換・脱炭素化に挑戦することとしている．

---

[4]　経済産業省：第5次エネルギー基本計画（2018年7月，閣議決定）

(2) 各エネルギーの位置付けと政策の方向性

各エネルギーの位置付けと政策の方向性は次のとおりである（**表1・3**）.

a．再生可能エネルギー　　安定供給面，コスト面で課題はあるが，温室効果ガスを排出せずエネルギーの安全保障にも寄与できる重要な国産エネルギーである．太陽光・風力発電はさらなるコスト削減と，経済的に自立し脱炭素化した主力電源を目指し，蓄電池・水素システム開発，送電ネットワークの再構築などに取り組む．地熱・水力・バイオマスは，地域との共生・自立化を目指し，技術開発，導入を進める．

b．原子力エネルギー　　安全性の確保を大前提に，優れた安定供給と効率性を有しており，運転時には温室効果ガスの排出もない重要なベースロード電源である．原子力依存度については，省エネルギー，再生可能エネルギー導入などにより可能なかぎり低減させる．

c．化石燃料エネルギー　　脱炭素化を実現するまでの過渡期の主力エネルギーで，長期的には CCS＋水素の転換を日本が主導する．

d．省エネルギー　　IoT，AI などを活用した徹底した省エネルギー社会の実現を図る．

e．水素エネルギー　　再生可能エネルギーから水素を製造し，燃料電池による発電，交通，産業部門における水素の利用など水素社会の実現を図る．

(3) 長期電力エネルギー需給見通し

2030 年の電力エネルギー需給見通し[5]の電源構成（発電電力量構成）は**図1・1**のように，

・再生可能エネルギーは，2010 年の 11 ％から 2030 年は 22〜24 ％に増加し，特に太陽光発電は 0.1 ％→ 7.0 ％，風力発電は 0.4 ％→ 1.7 ％に大幅に増加

---

[5]　経済産業省：長期エネルギー需給見通し（2015 年 7 月）

1・2 エネルギー基本計画

表1・3 各エネルギーの位置付けと政策の方向性[4]

エネルギー	基本的方向性
a．再生可能エネルギー	・安定供給面，コスト面で課題があるが，温室効果ガスを排出せずエネルギーの安全保障にも寄与できる重要な国産エネルギー ・太陽光・風力発電はさらなるコスト削減を目指し，経済的に自立し脱炭素化した主力電源化を目指す ・さらなる大量導入に向け，発電効率の抜本的向上，蓄電池・水素システム開発，ディジタル技術開発，送電ネットワークの再構築などの技術開発に取り組む ・地熱・水力・バイオマスは，地域との共生・自立化を目指して，技術開発，導入を進める
b．原子力エネルギー	・安全性の確保を大前提に，優れた安定供給と効率性を有しており，運転時には温室効果ガスの排出もない重要なベースロード電源 ・原子力依存度については，省エネルギー・再生可能エネルギーの導入や火力発電の効率化などにより，可能なかぎり低減させる ・福島第一事故の真摯な反省を出発点として，安全性をすべてに優先させるとともに，防災・事故後対応の強化，燃料サイクル・バックエンド対策などにより社会的信頼の獲得に努めていく
c．化石燃料エネルギー	・石炭：重要なベースロード電源の燃料として，高効率石炭火力発電の有効利用などにより環境負荷を低減しつつ活用していく．IGCC，IGFC，CCUSなどの開発をさらに進める ・天然ガス：化石燃料の中で温室効果ガスの排出量が最も少なく，発電においてミドル電源の中心的な役割を果たしており，その役割を拡大していく重要な電源 ・石油：調達に係る地政学的リスクが最も大きいものの，可搬性が高く，全国供給網も整い，備蓄も豊富なことから，他の喪失電源に代替するなどの役割を果たす重要なエネルギー源 ・火力発電：エネルギー転換・脱炭素化が実現するまでの過渡期において主力，非効率石炭火力のフェードアウト，高効率クリーンコールにより世界の低炭素化を支援，長期的には$CCS+$水素の転換を日本が主導する
d．省エネルギー	・これまでの取組みに加えて，IoT，AIなどを活用した徹底した省エネルギー社会の実現を図る
e．水素エネルギー	・水素社会実現に向けた取組みの抜本的強化：水素は，再生可能エネルギーを含めた多種多様なエネルギー源から製造し，貯蔵・運搬することができるため，わが国の一次エネルギー構造を多様化させるポテンシャルを有する．中長期的に，再生可能エネルギー・CCSからの水素製造，燃料電池などによる発電・交通・業務・産業部門における水素の利用，水素の「製造，貯蔵・輸送，利用」まで一気通貫した国際的なサプライチェーンの構築などによる水素社会の実現を図る

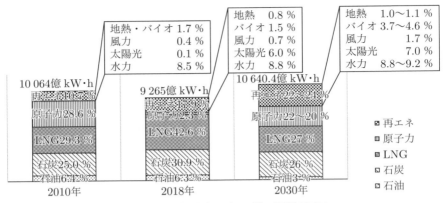

図1・1　長期電力エネルギー需給見通し

・原子力エネルギーは，2010年の29％から22〜20％に減少
・化石燃料エネルギーは，2010年の61％から56％に減少

原子力は2011年の東日本大震災後ほぼ0％に低下した．その後の再稼働によって回復するが，2030年には22〜20％と2010年よりは減少する見込み．

図1・2は主要国の電源構成の見通しで，2016年に比べて2040年は，各国とも再生可能エネルギーは大幅増加，化石燃料は大幅減少している．

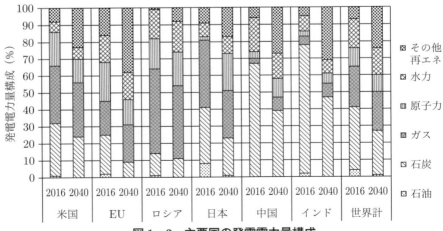

図1・2　主要国の発電電力量構成

原子力は先進国では減少しているが途上国では増加しており，世界合計ではほぼ横ばいとなっている．

1・3　変動再生可能エネルギーの系統特性

　太陽光発電と風力発電は，変動再生可能エネルギー（VRE：Variable Renewable Energy）と呼ばれ，次のような特性をもっている．
① 　出力が変動する．
　　太陽光発電の出力は気象条件に左右され，昼と夜で 100 % から 0 % に変動する．また曇天が続くと数日間発電がほとんどゼロとなる．さらに日本では冬と夏では日射量に 2～3 倍の変動がある．風力発電は太陽光発電のような昼夜間の規則的な変動はないが，風速の変動による数分～数時間の変動を繰り返し，風の吹かない日が数日続くとこの間の発電がほとんどゼロとなる．また日本の風速は概して冬に強くて夏に弱く，夏と冬の風力発電電力には 2 倍程度の変動がみられる．
　　電力系統では周波数を一定に維持するために，常に，発電電力＝需要電力の需給バランスを保つ必要があり，VRE の出力を需要に合致させる調整力が必要となる．具体的な調整力としては，蓄電池を設置して VRE の出力が需要より多いときにその分を充電し，少ないときに蓄電池から放電して供給したり，火力発電のような出力制御ができる安定電源を併用して VRE の出力変動を調整し，発電電力（VRE＋安定電源）＝需要電力となるように調整する必要がある．
② 　出力が不安定である．
　　VRE の出力は不安定であり，長期的に正確な発電予測はむずかしい．
　　電力系統では，将来の電力需要のピーク時に，最大電源ユニット 1 台が不測の事故で突然停止しても電力需要に安定供給を続けられるような余裕をもった供給計画に従って運営されている．将来の電力需要のピーク時に期待できる VRE 供給能力の想定はむずかしいが，過去の実績

データからの推定例では，太陽光発電では設備容量の 10〜30 %，風力発電では数パーセントとなっている[6]．したがって太陽光発電では設備容量の 70〜90 %相当，風力発電では 90 数パーセント相当の安定電源をバックアップとして別途用意しておく必要がある．ただし，蓄電池の場合は，年間の電力需要量を充足できる VRE 設備と，年間の各時間帯の VRE と需要の差を調整できる容量の蓄電池があれば安定供給は可能である．

③　設備利用率が低い．

　発電設備の平均発電電力と設備容量（最大発電電力）の比は設備利用率と呼ばれる．

$$設備利用率 = \frac{平均発電電力}{設備容量} \times 100 \, [\%]$$

　VRE の年間設備利用率は地域によって異なるが，日本では太陽光発電は 14 %程度，風力発電は 20 %程度となっている．また安定電源の標準的な設備利用率は定期補修停止などを考慮すると年平均 70 %程度となる[7]．

　図 1・3 のように設備容量 100 kW の場合の平均出力は，安定電源 70 kW，太陽光発電 14 kW，風力発電 20 kW となるが，平均出力を等しく 70 kW とした場合の設備容量は，安定電源 100 kW に対して，太陽光発電は 500 kW，風力発電は 350 kW となる．すなわち 1 時間に平均 70 kW·h の発電電力量を得るために必要な設備容量は，安定電源の 100 kW に対して太陽光発電はその 5 倍，風力発電は 3.5 倍となる．このように VRE は設備利用率が低いために，等しい発電電力量を得るために，安定電源の 3〜5 倍の発電設備が必要となる．

④　システムコストが掛かる．

　VRE の導入率が増加すると，VRE の出力変動を平準化するために，他の電源の急激な出力変動，起動停止が必要となり，効率が低下し設備

---

[5]　新田目倖造：電力システム–基礎と改革，電気書院（2015 年）

[7]　総合資源エネルギー調査会，長期エネルギー需給見通し小委員会：発電コスト検証ワーキンググループ報告書（2015 年）

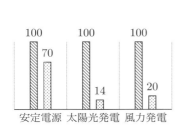

図1・3　設備利用率の比較（設備容量 100 kW）

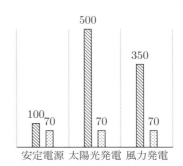

図1・4　設備利用率の比較（平均発電電力 70 kW）

疲労が増すためにコストが増加する．また，VREの出力が不安定なために，電力需要への安定供給に備えて他の電源でより多くの予備力をもつ必要がある．さらに，VRE比率の増加に伴って余剰電力が発生するときは，VREを出力抑制するか蓄電池に蓄電する必要があるが，いずれもコストの上昇となる．また，VREを電力系統に接続するコスト，VREの変動を吸収するために他の電力系統と連系するためのコストも掛かる．

⑤　立地地点が制約される．

　　VREはエネルギー密度（単位面積あたりの発電エネルギー）が低いために広大な面積を必要とし，特に風力発電は風の強い適地が電力需要地から遠く，需要地までの長距離大電力送電線が必要となる場合が多い．

　このようにVREは，それだけでは電力需要に安定供給ができない．需要の時間的変化に追従して，常に「発電電力＝需要電力」のバランスをとるためには，なんらかの安定化対策が必要となる．

1・4 変動再生可能エネルギーの安定化対策

VREの安定化対策としては，①蓄電設備との併用，②水力，火力，原子力などの安定電源との併用，③他の電力系統との連系，電力需要の調整があげられる．

(1) 蓄電設備との併用

蓄電設備としては，蓄電池・揚水発電・水素貯蔵（VREの余剰電力で水素をつくって貯蔵し，必要なときに水素で発電する）などの電力貯蔵設備がある．VREによる発電電力を蓄電設備に貯蔵し，そのエネルギーを取り出して利用する一連のエネルギーの生産→貯蔵→消費の工程で温室効果ガスをほとんど排出しないので，理論的には高脱炭素化が可能となるが，季節的な長期エネルギー貯蔵のために，膨大なエネルギー貯蔵設備が必要となる．

(2) 安定電源との併用

電力需要とVREとの差を水力，火力，原子力などの安定なバックアップ電源で調整するもので，発電設備がVREとバックアップ電源が重複した二重設備となり，火力の場合は二酸化炭素を排出する．また，VREが増加した場合にはバックアップ電源で調整できないVREの余剰電力が発生し，貯蔵設備がないと余剰電力を制限せざるを得ず，VREの発電単価が増加することになる．

(3) 他の電力系統との連系

VREの発電が過剰なときに他の電力系統に送電し，不足するときに受

電すれば，VREと需要の需給不均衡を緩和できる．電源構成や需要特性の異なる電力系統を連系して総合的に運用すれば，電力系統により多くのVREを受け入れることができるが，そのためには系統間の既設連系線の送電容量が不足することがある．また，VREは広大な面積を必要とし，特に風力発電の場合は風の強い適地が需要地から遠いために，既設送電線の送電容量が不足することもある．

　これらに対して，従来は送電線に計画されている各種の電力の最大値が同時に重なって流れる想定電力時に，最大の送電線が1本（1回線）停止しても残った送電線で安定に送電できるように余裕をもった運用が行われていたが，最近「日本版コネクト・アンド・マネージ」方式が導入され，想定電力を実態に近い値とし，送電線停止時にはVREの一部出力制限も考慮した弾力的な運用によって，VREの電力系統への受入可能量の増加が図られている．それでも既設送電線の容量が不足する場合は，新しい送電線の増強も検討されている．

(4)　電力需要の調整

　時間的に調整できる需要については，VREの供給力が過剰な時間に需要を増加し，不足する時間に需要を減少する，すなわち需要をVRE出力の低い時間帯から高い時間帯に移行できれば，需給バランスがとりやすい．最近は，あちこちに散らばっていた電力需要とVRE，蓄電池などをネットワークで連系して，一つの発電所のように一括運用するVPP（バーチャル・パワー・プラント，仮想発電所）も試みられている．これらは電力需要をできるだけVRE出力に近づけて需給バランスをとろうとするもので，かなりの効果が期待できるが，VREが大量に導入されたときには，需要の特性からして限度はある．

　以下の章では，VREを①蓄電池（蓄電設備を代表して）と併用した場合と，②安定電源と併用した場合について，具体的に検討する[8]．

---

[8]　新田目倖造：「太陽光，風力発電の安定供給コスト」電気学会論文誌B（2018年6月）

第 2 章

太陽光発電と蓄電池による供給

~~~~~~~~~~~~~~~~~~~ 要 旨 ~~~~~~~~~~~~~~~~~~~

● ある期間（需給期間）の太陽光発電電力量が需要電力量に等しければ，太陽光発電が需要電力より多いときに余剰分を蓄電池に充電し，少ないときに不足分を蓄電池から放電して供給することによって，太陽光発電と需要電力が変動しても，安定供給ができる．この際に必要な蓄電池容量は，需給期間によって異なる．

● 需給期間が 1 日の場合の蓄電池所要量は，夏の晴天モデル日の試算例では，1 日の需要電力量の半分程度となった．また，東北エリアの太陽光発電の年間実績例では，太陽光発電が連続して年間最大発電電力の 20 ％以下となる低出力継続期間は最大 2～3 日で，曇天や雨天が続く場合に対する蓄電池所要量は，2～3 日分の需要電力量相当程度とみられる．

● 需給期間が 1 年の場合の蓄電池所要量は，①全国の月別の電力需要と太陽光発電実績からの算定では，電力需要の 1.6～1.7 月分，②各エリアの月別の電力需要と日射量から推定した太陽光発電電力量からの算定では，電力需要の 0.9～2.8 月分，③東北エリアの年間 8 760 時間の電力需要と太陽光発電実績に基づくシミュレーションでは，電力需要の 2.1 月分と地域によるバラツキが多かった．これは需要電力量の最大月/最小月の比が 1.2～1.5 倍程度であるのに対して，太陽光発電電力量の最大月/最小月の比は 3～4 倍で季節的変化が大きいためとみられる．

● わが国の現在の蓄電容量はほとんど揚水発電によるもので，蓄電容量は約 3 億 kW・h（1 年間の電力需要約 1 兆 kW・h の 0.1 日分程度）であり，1 年間を太陽光発電だけで供給する場合に必要な蓄電池容量は，現在の揚水発電の数百倍の膨大な量となる．

2・1 太陽光発電と蓄電池の短期需給バランス

(1) 日間需給バランスに必要な蓄電池容量

　昼間に太陽光発電で需要に供給した余りの余剰電力を蓄電池に充電しておいて，これを夜間に放電して需要に供給すれば，100％太陽光発電で電力需要を賄える．この際に必要となる蓄電池容量を求めてみる．

　一例として**図2・1**は，東北エリアで2015年の需要電力が最大となった8月6日（木）の最大需要電力をわかりやすく1 kWに縮小し，当日の東北エリアの太陽光発電電力を比例的に圧縮して，1日の発電電力量が需要電力量に等しくなるようにしたものである．簡単のために蓄電池の充放電効率（充電電力量を100として放電できる割合）は100％とする．

　これによれば，最大電力1 kWの需要に供給するために，容量2.6 kW程度の太陽光発電設備と容量9.6 kW・h（③ = ②の合計）の蓄電池が必要となる．これは日間需要電力量19.2 kW・hの半分となっている．

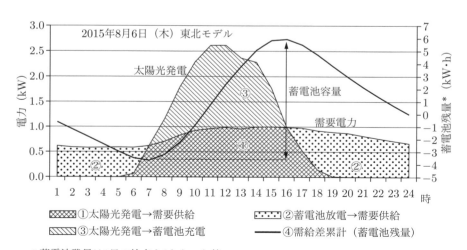

図2・1　太陽光発電と蓄電池による日間供給モデル

通常，太陽光発電に併設される蓄電池は，昼間の太陽光発電電力を蓄電しておいて夜間に使用したり，災害時や電力系統停電時の予備電源として使用され，標準的な例で住宅用では太陽光発電 4.5 kW に蓄電池 8.96 kW・h，非住宅用では太陽光発電 300 kW に蓄電池 300 kW・h 程度である[1]．充電時間は 1～2 時間で，日間の需給バランスまでは考慮されていないようである．

(2) 低出力継続期間に必要な蓄電池容量

太陽光発電は曇天や雨天の日が続けば，1 日以上連続して低下し，その期間の電力需要に供給する電力を貯蔵しておく必要がある．

東北エリアの 2015～2016 年の太陽光発電実績について，出力低下期間がどれだけ継続するかを調べてみると，太陽光発電電力が年間最大値に対して，20 % 以下となる期間を低電力期間とした場合，低電力期間が最も長かったのは 66～70 時間であったが，低出力継続期間は 95～98 % の確率で 54～72 時間以下となっている．これらのことから，蓄電池容量としては，2～3 日の需要供給分が必要とみられる（付録 2・1）．

2・2 太陽光発電と蓄電池の年間需給バランス

(1) 全国の月別発電実績からの算定

はじめに全国合計の月別需給バランスからみた蓄電池の必要容量を求めてみる．

図 2・2 は，2014 年・2015 年の全国の月別電力需要と太陽光発電実績[2]

---

[1] 資源エネルギー庁：蓄電池技術の現状と取組みについて（2009 年）
[2] 資源エネルギー庁電力調査統計（電力需要は電気事業者の発受電電力量（需要電力量に送配電損失を加えたもの）をとった）

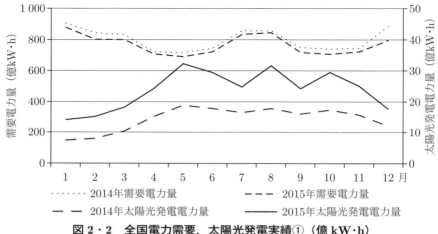

図 2・2　全国電力需要，太陽光発電実績①（億 kW·h）

で，電力需要は年間を通して月別の変化はあまり大きくなく，両年の差も少ないが，太陽光発電は夏冬の変化が大きい．2014 年に比べて 2015 年が増加しているのは設備増設によるものとみられる．

図 2・3 は，図 2・2 を年合計に対する月別比率として表したもので，最大月/最小月の比率は，電力需要の 1.2 倍程度に対して太陽光発電では 2.3〜2.6 倍と夏冬の格差が大きくなっている．

図 2・3 に基づいて，年間需要を 100 ％太陽光発電で供給する場合に必

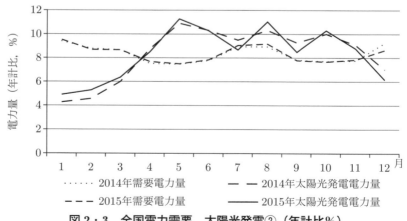

図 2・3　全国電力需要，太陽光発電②（年計比％）

2・2 太陽光発電と蓄電池の年間需給バランス

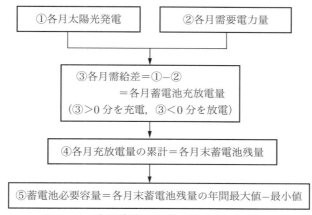

図 2・4 太陽光発電用蓄電池容量の求め方

要な蓄電池容量を求めてみる．(**図 2・4**)

$$\text{年間太陽光発電電力量} = \text{年間需要電力量} = 100\ \%$$
$$\text{各月需給差}\ P_\text{D} = \text{各月太陽光発電電力量} - \text{各月需要電力量}$$

として，

$P_\text{D} > 0$ の月は太陽光発電の余剰分 P_D を蓄電池に充電し，

$P_\text{D} < 0$ の月は太陽光発電の不足分 P_D を蓄電池から需要に供給すれば，

各月の需給バランスが保たれる．ただし，蓄電池の充放電効率は 100 % とする．**図 2・5** は図 2・3 から求めた年間需給バランスで，需給差は夏場の 4～10 月はおおむねプラス，冬場の 12～3 月はマイナスとなっている．これを累計した需給差累計は月末の蓄電池残量を示し，夏場に充電して上昇し冬場に放電して低下しており，必要な蓄電池容量 C_S は，

$$C_\text{S} = \text{蓄電池残量最大値} - \text{蓄電池残量最小値}$$

となり，図 2・5 では 2014 年は 14.3 %，2015 年は 12.8 % となっている．ここでの蓄電池残量は年初の蓄電池残量をゼロととった各月末の値である．現実的には残量マイナスはありえないが，この図の残量最小月（3 月末）をゼロととればよく，必要な蓄電池容量には変わりない．年によってバラツキはあるが，必要な蓄電池容量は，年間需要電力量の 13～14 % 程度となっている．

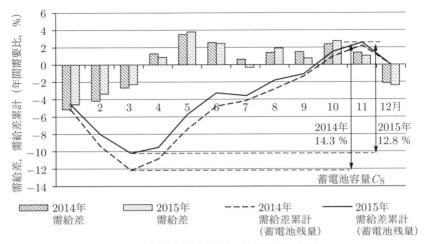

図 2・5　全国太陽光発電の年間需給バランス

(2) 各エリアの月別日射量からの算定

a. 太陽光発電と日射量の相関

　太陽光発電設備が一定なら，年間の太陽光発電電力量の変化は年間の日射量の変化に比例するから，日射量の変化から太陽光発電電力量の変化を概略推定できる．

　図 2・6 は，2014〜2015 年の月別に，全国の①太陽光発電電力量と②日射量を比べたもので，いずれも年合計に対する各月の比率（%）で表示している．日射量は全国 10 エリア（10 電力会社エリア）の代表都市の各月積算日射量（各月の日射量の合計）の平均をとっている．この期間に太陽光発電設備が大幅に増設されていること，広い地域の日射量を代表都市の平均値で表していることなどから，①と②の相関係数は 2014 年は 0.64，2015 年は 0.75 程度となっているが，月別の傾向は似ており，太陽光発電電力量が年間の日射量の変化に応じて変化していることがわかる．

　図 2・7 は，同様に 2015〜2016 年の東北エリアの①太陽光発電電力量と②日射量の比較で，日射量は東北の県庁所在地の日射量平均を

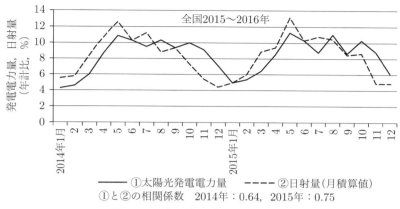

図 2・6 全国太陽光発電と日射量

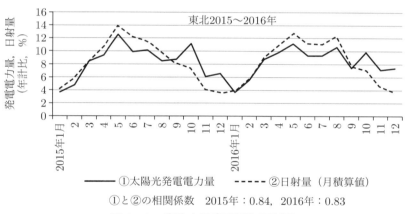

図 2・7 東北太陽光発電と日射量

とったものである．図 2・6 に比べてエリアを限定しており，①と②の相関係数も 0.83～0.84 とかなり強い相関が認められる．

b．蓄電池容量の算定

　エリアごとに年間需要を 100 ％太陽光発電で供給する場合に必要な蓄電池容量を求めてみる．**図 2・8** は 2015 年の一部エリアの各月電力需要実績を年間合計需要に対する比率で示したもので，最大月/最小月は 1.2～1.5 倍程度である．**図 2・9** は，2015 年の水平面 1 m^2 あた

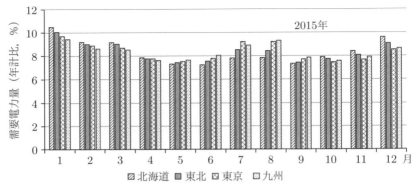

図2・8　各エリアの需要電力量（年計比，%）

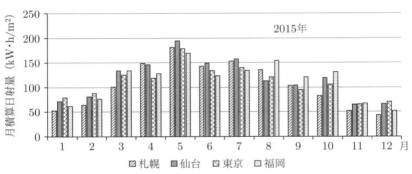

図2・9　各エリアの月別積算日射量

りの月積算日射量で，夏冬の格差はエリアによって3〜4倍と，電力需要よりも月別格差が大きくなっている．

太陽光発電設備を一定とすれば，各月の太陽光発電電力量は各月の積算日射量に比例し，

　　　各月太陽光発電電力量 ∝ 各月積算日射量

（∝：比例記号）

各月太陽光発電電力量を年間太陽光発電電力量に対する比率（%），各月積算日射量を年間積算日射量に対する比率（%）で表せば，

　　　各月太陽光発電電力量(%) = 各月積算日射量(%)

各月電力需要を年間需要電力量（＝年間太陽光発電電力量）に対

する比率（%）で表せば，

　　　各月需給差(%) ＝ 各月太陽光発電電力量(%)
　　　　　　　　　　－ 各月需要電力量(%)
　　　　　　　　　＝ 各月積算日射量(%)
　　　　　　　　　　－ 各月需要電力量(%)

となり，図2・9を太陽光発電の年間発電電力量に対する比率として表せば，図2・8との差として月別需給差が**図2・10**のように求められる．

　需給差＞0の月に充電し，需給差＜0の月に放電すれば年間の安

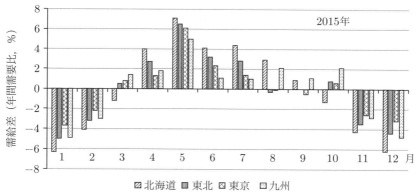

図2・10　各エリアの太陽光発電の需給バランス

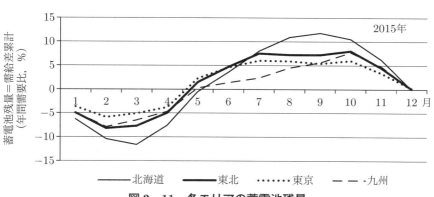

図2・11　各エリアの蓄電池残量

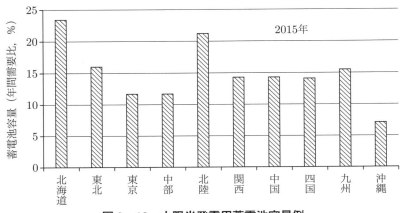

図2・12 太陽光発電用蓄電池容量例

定供給ができる．図2・11は各月需給差の累計である．これは年初の蓄電池残量をゼロとしたときの各月末蓄電池残量に等しく，蓄電池残量の最大値と最小値の差が年間の蓄電池所要容量となる．

図2・12は，同様にして求めた各エリアで年間100％太陽光発電で供給するために必要な蓄電池容量で，主に夏冬の太陽光発電すなわち日射量の格差によって，年間電力需要の7〜23％程度とバラツキが大きくなっている．

(3) 東北の時間別発電実績からの算定

ここでは，東北エリア（東北6県および新潟県の電気事業者供給分）の2015年の電力需要および太陽光発電（需要電力量の2.4％）の実績を相似的に圧縮して，年間最大電力1kWの需要に太陽光発電と蓄電池で供給する実績モデルについて，太陽光発電と蓄電池の必要量を求めてみる．最大電力を1kWに圧縮すると年間需要電力量は5 782 kW・h（負荷率66.0％）となり，これを充足する発電電力量を得るためには，発電実績を相似的に圧縮すると4.54 kWの太陽光発電設備が必要となる．最大電力は1時間平均電力（この値は1時間の電力量に等しい）とした．また簡単のために太陽光発電の最大電力は発電設備量に等しいものとした．

この場合は，年間需要電力量に対する太陽光発電電力量の比率すなわちエネルギー導入率は100%，最大需要電力に対する太陽光発電設備容量の比率すなわち容量導入率は454%となっており，負荷率は66.0%であるから，

$$容量導入率 = \frac{負荷率}{太陽光発電設備利用率} \times エネルギー導入率$$

の関係（付録2・2（付2・6））より，太陽光発電設備利用率は14.5%となる．負荷率に対して太陽光発電設備利用率が小さく，

$$\frac{負荷率}{太陽光発電設備利用率} = \frac{66.0}{14.5} = 4.54$$

となるために，最大需要電力の4.54倍の太陽光発電設備が必要となっている．以下，特に断らないかぎり，エネルギー導入率を単に導入率と呼ぶ．

ここで各時間帯の太陽光発電と需要の過不足を蓄電池で充放電すれば需要を充足できる．ただし蓄電池の充放電効率は100%とする．

図2・13 はこのモデルの1年間，1時間ごとの需要電力と太陽光発電電力で，毎時の太陽光発電電力量から需要電力量を差し引いた需給差の累計（蓄電池残量）も示してある．その最大値と最小値の差が蓄電池所要容量に等しく，ここでは1011 kW・h（年間需要電力量の17.5%，2.1か月分）となっている．これは図2・12の東北の月別日射量から求めた概算値16.0%に近い値となっている．

また，毎時の需給差の年間最大値は蓄電池の所要出力（kW）に相当し，図2・13のモデルでは3.87 kW となった．

なお，充放電効率を75%[3] としたときに必要となる蓄電池容量を求めて上記の充放電効率100%時と比べると，1.3倍となっている．

季節的な変化をみると，1～2月ごろは日間の太陽光発電電力量が需要電力量より少ないために蓄電池残量は減少しているが，4～8月ごろは太陽光発電電力量が需要電力量を大幅に上回るために蓄電池残量は増加し，年末に需給差累計がゼロとなって年間需給バランスがとれている．蓄電池

---

[3] IEA, NEA, OECD: "Projected Costs of Generating Electricity"（2015 Edition）

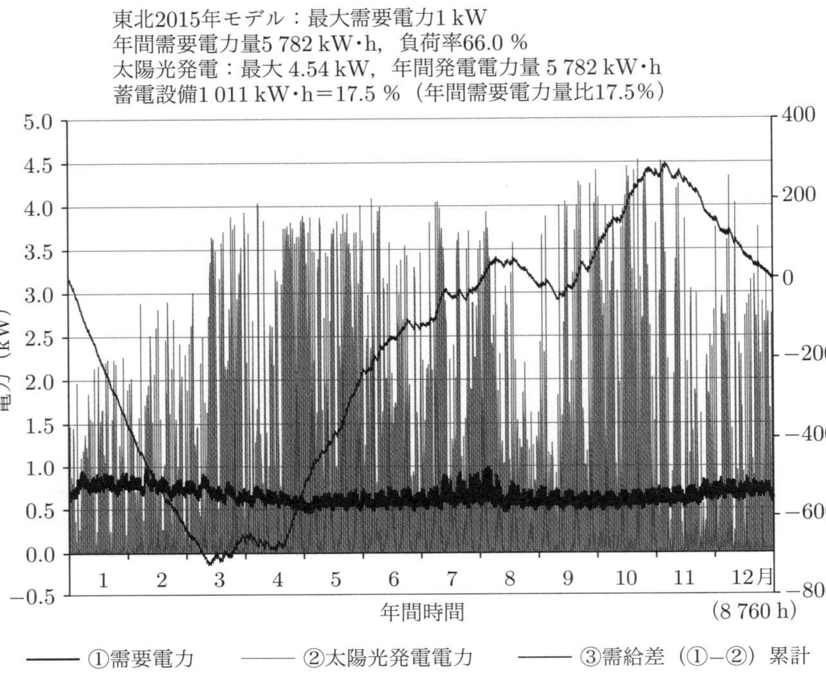

第2章　太陽光発電と蓄電池による供給

東北2015年モデル：最大需要電力1 kW
年間需要電力量5 782 kW·h，　負荷率66.0 %
太陽光発電：最大 4.54 kW，年間発電電力量 5 782 kW·h
蓄電設備1 011 kW·h＝17.5 %（年間需要電力量比17.5%）

——①需要電力　　　——②太陽光発電電力　　　——③需給差（①−②）累計

図2·13　太陽光発電供給モデル①

は主に夏場に貯めた電力を冬場に取り出して供給するために使われること
になる．

　図2·14 は図2·13の冬場の1月1日〜7日を拡大したもので，蓄電池
残量は昼間にやや増加しているが全体として減少傾向にある．**図2·15** は
同じく夏場の8月3日〜9日を拡大したもので，蓄電池残量は増加傾向に
ある．

　以上のように，太陽光発電と蓄電池によって電力需要に供給する場合に
必要となる蓄電池容量は，需給バランス期間のとり方によって変わってく
る．**表2·1** は第2章の結果をまとめたもので，蓄電池所要量は需給バラ
ンス期間を長くとると大きく増加し，年間需給バランスのためには26〜
84日分（約0.9〜2.8か月分）の需要電力量に相当する蓄電設備が必要と
なる．

　わが国の電力系統の現在の蓄電容量はほとんどが揚水発電によるもの

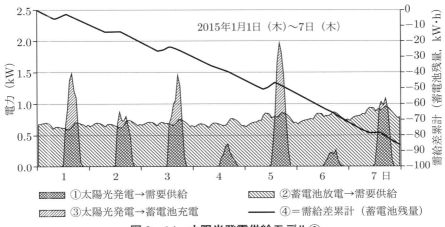

図2・14　太陽光発電供給モデル②

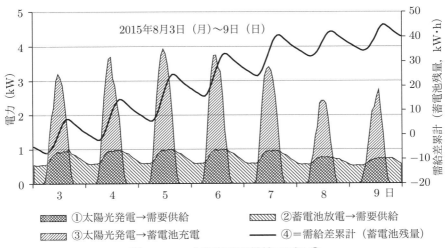

図2・15　太陽光発電供給モデル③

で，揚水発電設備は2 700万 kW，揚水時間を10時間程度とすると蓄電容量は約3億 kW・h（1年間の電力需要約1兆 kW・h の 0.1 日分程度）であり，1年間を太陽光発電だけで供給する場合に必要な蓄電池容量は，現在の揚水発電の数百倍の膨大な量となる．ちなみに，国内の電気自動車の保有台数は約1万台（2017年度末）で，1台あたりの蓄電池総容量は

表 2・1　太陽光発電の需給バランス期間と蓄電池所要容量例

需給バランス期間	算定根拠	蓄電設備容量[*1]
1 日	日間モデル需給バランス	0.5 日分
低出力継続期間[*2]	東北エリアの時間別実績モデルバランス	2〜3 日分
1 年	全国の月別実績バランス	47〜51 日分 (1.6〜1.7 月分)
	各エリアの月別日射量推定発電によるバランス	26〜84 日分 (0.9〜2.8 月分)
	東北エリアの時間別実績モデルバランス	64 日分 (2.1 月分)

＊1：1 日あたり（（　）内は 1 月あたり）の平均需要電力量の倍数
＊2：太陽光発電が最大発電電力の 20 ％以下の低出力が継続する期間

20 kW・h 程度であるから，電気自動車の蓄電池合計容量は 20 万 kW・h 程度である．

付録2・1　太陽光・風力発電の低出力期間に必要な蓄電池容量

1. 指数分布

　一般に設備が**付図2・1**のように運転状態と事故停止状態を繰り返す場合，事故が復旧する確率が一定で時間的に変化しないとすれば，事故停止継続時間が t [h] 以下である確率 $B(t)$ は指数分布と呼ばれ，次のように表せる[4][5]．

$$B(t) = 1 - e^{-\frac{t}{T}} \qquad (\text{付}2\cdot1)$$

　ここに e = 2.718 28……（自然対数の底）

　　　　T = 平均事故停止継続時間(h)

　　　　　（付図2・1の $T_1, T_2, T_3, ……$ の平均値）

付図2・2はこれを図示したもので，$t = 2T, 3T, 4T, ……$ としたとき，$B(t) = 0.865, 0.950, 0.982$ となる．すなわち t が $2T, 3T, 4T$ を超える

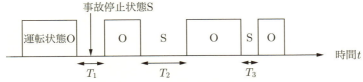

付図2・1　設備の運転停止状態

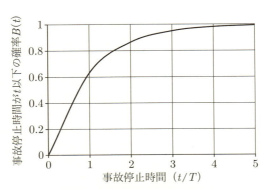

付図2・2　事故停止時間の指数分布

---

(4)　関根泰次：電力系統工学，電気書院（1966年）
(5)　日本電力調査会：電力需要想定および電力需給計画算定方式の解説（2007年）

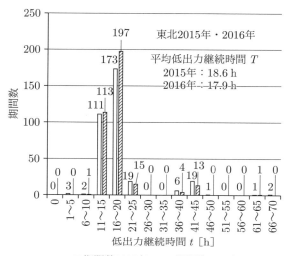

付図 2・3　太陽光発電の低出力継続時間分布

確率は，13.5 %，5.0 %，1.8 %となる．

2．太陽光発電の低出力継続期間に必要な蓄電池容量

　付図 2・3 は，東北エリアの 2015 年・2016 年の太陽光発電電力の低出力継続時間分布を示す．ここでは太陽光発電電力が年間最大値に対して 20 %以下の期間を低出力期間とした．低出力継続時間の最も多いのは 11〜20 時間帯で，これは夕方から翌日の朝までの日射の少ない時間帯である．次に多い 36〜45 時間帯は，夕方から翌日の日中曇りの 1 日を経て翌々日の朝までの時間帯である．低電力継続時間の最も長かったのは 61〜70 時間帯で，これは日中曇りの日が 2 日続いた場合である．**付図 2・4** は付図 2・3 の 2015 年の低出力継続時間の累積確率である．昼夜間の規則的な繰返しによって，11〜20 時間帯の立上りが急しゅんになっているため，標準的な指数分布と異なっているが，低出力継続時間が長くなるに従って指数分布に近づいている．

　これらの東北の実績からみた場合は，太陽光発電の曇天や雨天による低出力継続期間に備えて保有すべき蓄電池容量は，平均低出力期間約 18 時間の 3〜4 倍の 54〜72 時間，すなわち 2〜3 日の需要対応分程度とみられる．

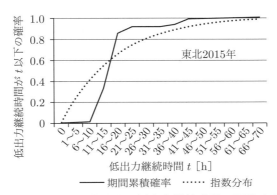

付図 2・4 太陽光発電の低出力継続時間の累積確率

3．風力発電の低出力継続期間に必要な蓄電池容量

付図 2・5 は同様に，東北エリアの 2015 年・2016 年の風力発電電力の低出力（年間最大発電電力の 20 % 以下）継続時間分布，**付図 2・6** は付図 2・5 の 2015 年の低出力継続時間の累積確率である．太陽光発電のような昼夜間の規則的な変化はなく，指数分布に近くなっている．これらの実績からみれば，風

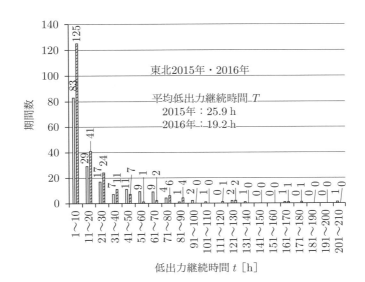

付図 2・5 風力発電の低出力継続時間分布

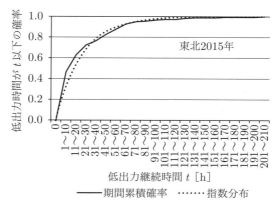

付図 2・6 風力発電の低出力継続時間の累積確率

力発電の短期的な低出力継続期間に備えて保有すべき蓄電池容量は，平均低出力継続時間 19～26 時間の 3～4 倍の 57～104 時間，すなわち 3～4 日の需要対応分とみられる．

付録 2・2 エネルギー導入率と容量導入率

年間太陽光発電電力量 W_P [kW・h] は，太陽光発電設備容量を P_P [kW]，設備利用率を F_P [%] とすると，

$$W_P = 8\,760 P_P \frac{F_P}{100} \tag{付2・2}$$

年間需要電力量 W_L [kW・h] は，最大需要電力を P_L [kW]，負荷率を F_L [%] とすると，

$$W_L = 8\,760 P_L \frac{F_L}{100} \tag{付2・3}$$

年間需要電力量 W_L [kW・h] に対する年間太陽光発電電力量 W_P [kW・h] の比率，すなわちエネルギー導入率[6] は，

$$エネルギー導入率 = \frac{W_P}{W_L} \times 100\ [\%] \tag{付2・4}$$

年間最大需要電力 P_L [kW] に対する太陽光発電設備容量 P_P [kW] の比率，

---

[6] 欧州電力エネルギー協会：風力発電の系統連系（2012 年）

すなわち容量導入率は,

$$容量導入率 = \frac{P_P}{P_L} \times 100 \, [\%] \tag{付2・5}$$

したがって,エネルギー導入率と容量導入率の間には次の関係がある.

$$容量導入率 = \frac{F_L}{F_P} \times エネルギー導入率 \tag{付2・6}$$

第3章

風力発電と蓄電池による供給

~~~~~~~~~~~~ **要　旨** ~~~~~~~~~~~~

- ある需給期間について，需要電力量と等しい発電電力量を発電できる風力発電設備を設置して，風力発電が需要電力より多いときに需要に供給した残りを蓄電池に充電し，風力発電が需要電力より少ないときに不足分を蓄電池から供給すれば，風力発電と需要電力が変動しても，100 % 風力発電で供給できる．この際に必要な蓄電池容量を求めてみる．

- 風力発電の短期的変動に関するデータから，1 日以下の風力発電の変動を平準化するために必要な蓄電池容量を求めると，評価時間（変動を測定する時間）が 1 時間以下では，日間電力需要の 0.02 日分，24 時間では 0.6 日分程度となる．ただしこの場合は電力需要の変動は風力発電の変動に比べて十分小さいものとした．

- 東北エリアの風力発電の年間実績では，風力発電が連続して年間最大発電電力の 20 % 以下となる低出力継続期間は最大 3～4 日で，低出力継続期間の電力供給に必要な蓄電池容量は，3～4 日の需要電力量相当程度とみられる．

- 需給期間が 1 年間の場合の蓄電池所要量は，①全国の月別の電力需要と風力発電実績からの算定では電力需要の 1.5～1.6 月分，②各エリアの月別の電力需要と風速から推定した風力発電電力量からの算定では，電力需要の 0.6～1.8 月分，③東北エリアの年間 8 760 時間の電力需要と風力発電実績の基づくシミュレーションでは，電力需要の 1.6 月分と地域によるバラツキが多かった．これは風力発電電力量の季節変化が月によって 2 倍程度と大きいためとみられる．蓄電池所要量は太陽光発電よりは少なくなっているが，現在の揚水発電所の数百倍と膨大な量となっている．

3・1 風力発電と蓄電池による短期需給バランス

(1) 短周期変動を平滑化するために必要な蓄電池容量

　風力発電は太陽光発電のような昼夜間の規則的な変化はないが，数分〜1時間以内の短時間変動から，1時間〜数日間の変動，さらに数か月にわたる季節的な変動までいろいろな変動がみられる．

　風力発電の数十時間以下の短周期出力変動についてはいろいろなデータが発表されている．その中の一例によれば，変動を測る時間（評価時間）が10〜20分では風力発電設備容量の10〜30 %，1時間では20〜50 %，24時間では60〜80 %と，バラツキが大きいが，評価時間が長いほど変動は大きくなっている（付録3・1）．この変動を平準化するために必要な蓄電池容量の目安を概算してみると，風力発電と蓄電池だけで日間電力需要を賄う場合には，評価時間が1時間以下では日間電力需要の0.02日分程度，24時間では0.6日分程度となっている．ただし電力需要の変動は風力発電の変動に比べて十分小さいものとする．

(2) 低出力継続期間に必要な蓄電池容量

　気象条件によっては数日にわたって風がやむことがあるが，風力発電の低電力期間はどの程度続き，それに備えてどの程度の容量の蓄電池が必要かが問題となる．

　東北エリアの2015〜2016年の風力発電実績について，太陽光発電と同様に，風力発電電力が年間最大値の20 %以下となる低出力継続時間を調べてみる（付録2・1）．その結果，低出力継続時間はほぼ指数分布で，長いほど発生確率は小さくなっており，低出力継続時間が最も長かったのは201〜210時間であった．低出力継続時間は95〜98 %の確率で，57〜104時間以下となっている．これより，蓄電池容量として3〜4日程度の需要

供給分が必要とみられる．

3・2　風力発電と蓄電池による年間需給バランス

(1)　全国の月別発電実績からの算定

　はじめに全国合計の電力需要を 100 ％風力発電で供給する場合について，月別需給バランスからみた蓄電池の必要容量を求めてみる．

　図 3・1 は 2014 年・2015 年の全国の月別電力需要と風力発電実績である．概して風力発電は冬に多く夏に少ない．夏と冬では 2 倍の差があり，電力需要に比べて夏冬の格差が大きい．2014 年・2015 年とも，季節的には同様の変化を示している．図 3・2 は図 3・1 を年合計に対する月別比率として表したものである．

　年間需要を 100 ％風力発電で供給する場合は，

$$年間風力発電電力量 = 年間需要電力量 = 100 \,\%$$

図 3・1　全国の電力需要と風力発電実績①（億 kW・h）

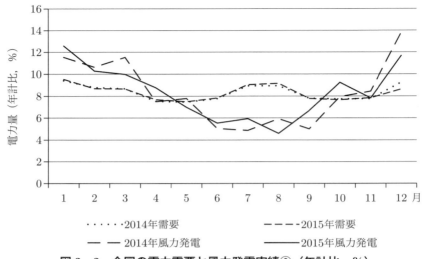

図 3・2　全国の電力需要と風力発電実績②（年計比，%）

　　各月需給差 P_D = 各月風力発電電力量 − 各月需要電力量
として，$P_D > 0$ の月は余剰分を蓄電池に充電し，$P_D < 0$ の月は不足分を蓄電池から放電して需要に供給すれば年間の需給バランスを保つことができる．**図 3・3** は図 3・2 の各月風力発電電力量と需要電力量の差として各月需給差を求めたものである．需給差はおおむね冬場の 12〜3 月にプラス，夏場の 6〜9 月にマイナスとなっている．これを累計した需給差累計

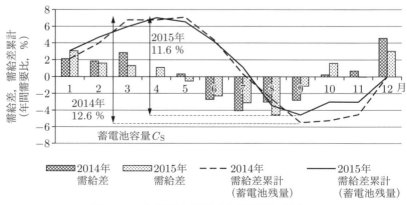

図 3・3　全国風力発電の年間需給バランス

は蓄電池残量に相当し，冬場に増加し夏場に減少している．

ここで必要な蓄電池容量 C_S は，

$$C_S = 蓄電池残量最大値 - 蓄電池残量最小値$$

となり，2014 年は 12.6 %，2015 年は 11.6 % と年によってバラツキはあるが，年間電力需要電力量の 12～13 % となっている．

(2) 各エリアの月別風速からの算定

a．風力発電と風速の相関

風力発電設備が一定なら，年間の風力発電電力量は風速によって定まる．風車の受風面積（風車の羽根の描く面積）1 m² あたりの風力エネルギー P_W は風速 V [m/s] の 3 乗（V^3 [m³/s³]）に比例し，次のように表せる[1]．

$$P_W = \frac{\rho V^3}{2} \; [\mathrm{W/m^2}]$$

ここに，ρ は空気の密度で，15 ℃，1 気圧で $\rho = 1.226$ kg/m³ とすると，

$$P_W = 0.613 V^3 \; [\mathrm{W/m^2}]$$

となる．

図 3・4 は，東北エリアの 2015 年・2016 年の各月の①風力発電電力量と②風力エネルギーの比較で，風力エネルギーは県庁所在地の各月平均風速の 3 乗から求めた．①と②の相関係数は 2015 年は 0.89，2016 年は 0.72 とかなり強い相関関係が認められる．

b．蓄電池容量の算定

各エリアの月別風速から風力発電電力量を推定して，年間需要を 100 % 風力発電で供給する場合に必要な蓄電池容量を求めてみる．**図 3・5** は各エリアの代表都市の月平均風速の平年値で，大きさ，季節変

---

[1] 新田目倖造：基礎からわかるエネルギー入門，電気書院（2013 年）

①と②の相関係数　2015年：0.89，2016年：0.72

図3・4　東北風力発電と風力エネルギー

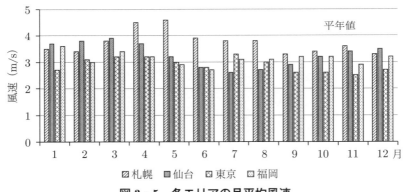

図3・5　各エリアの月平均風速

化ともに地域的な差が大きいが，概して1〜5月に大きく，8〜9月に小さくなっている．**図3・6**は図3・5から求めた風車の受風面積1 m^{2}あたりの風力エネルギーで，風速の3乗に比例するために季節的，地域的な差が図3・5よりも拡大されている．

　図3・7は図3・6の各月の風力エネルギーの年間合計に対する比率を，各月の風力発電電力量の年間合計に対する比率と等しいものとして，各エリアの電力需要（2015年）を100％風力発電で供給する場合の各月の需給差（風力発電電力量−需要電力量）を求めたものであ

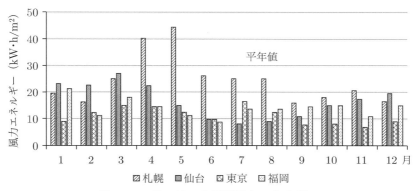

図 3・6　各エリアの月別風力エネルギー

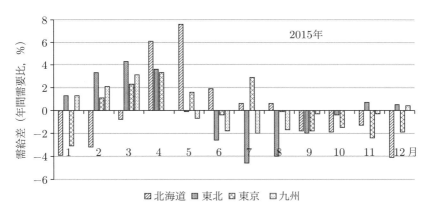

図 3・7　各エリアの風力発電の需給バランス

る．エリアによって異なるが，おおむね冬から春の余剰電力を蓄電しておいて，夏場に放電して風力発電の不足分を補って年間需給バランスを維持する形となっている．

図 3・8 は図 3・7 の需給差を累計したもので，各月末蓄電池の残量に相当する．この年間最大値と最小値の差が蓄電池必要容量となる．**図 3・9** は同様にして求めた各エリアの蓄電池所要量で，エリアによって異なるが年間需要電力量の 5〜15 ％程度となっている．

第 3 章　風力発電と蓄電池による供給

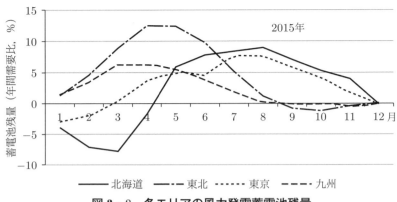

図 3・8　各エリアの風力発電蓄電池残量

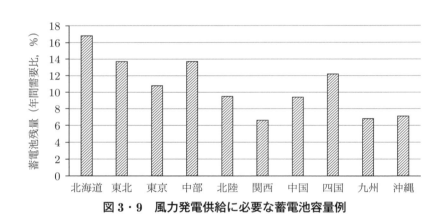

図 3・9　風力発電供給に必要な蓄電池容量例

(2)　東北の時間別発電実績からの算定

　ここでは，第 2 章 2・2 (3) の太陽光発電の場合と同様に，東北エリアの 2015 年の電力需要および風力発電（需要電力量の 1.8 %）の実績を相似的に圧縮した，年間最大電力 1 kW の需要に風力発電と蓄電池で供給する実績モデルについて，風力発電と蓄電池の必要量を求めてみる．年間電力需要 5 782 kW と等しい発電電力量を得るためには，発電実績を相似的に圧縮すると 2.28 kW の風力発電設備が必要となる．簡単のために風力発電の最大電力は発電設備量に等しいものとした．また，蓄電池の充放電効率は

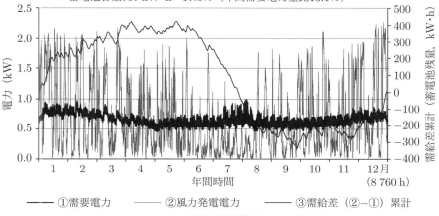

図 3・10　風力発電供給モデル①

100 % とする．

　図 3・10 はこのモデルの 1 年間，1 時間ごとの需要電力と風力発電電力で，毎時の風力発電電力量から需要電力量を差し引いた需給差の累計も示しており，これは年初値をゼロとした蓄電池の残量に等しい．蓄電池所要量は残量の年間最大値と最小値の差に等しく，ここでは 757 kW・h（年間需要電力量の 13.1 %，1.6 か月分）となっている．これは図 3・9 の月別風速からの概算値 13.7 % に近い値となっている．

　また，毎時の需給差の年間最大値は蓄電池の所要出力（kW）に相当し，図 3・10 のモデルでは 1.59 kW となった．

　なお，充放電効率を 75 % としたときに必要となる蓄電池容量を求めると，上記の充放電効率 100 % の場合の 1.2 倍となった．

　季節的な変化をみると，12〜3 月は風力発電電力が需要を上回って需給差累計は増加しているが，6〜8 月ごろは風力発電が需要を下回って需給差累計は減少している．蓄電設備は主に冬場の季節風で貯めた風力発電電力量を夏場に取り出して供給するために使われることになり，図 3・8 と同様の傾向を示している．**図 3・11** は冬場の 1 週間を拡大したもので，こ

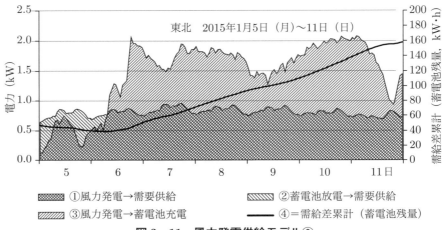

図3・11　風力発電供給モデル②

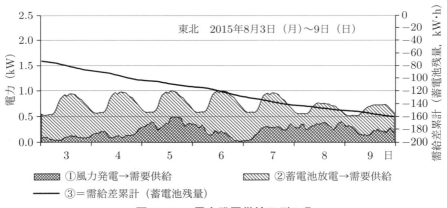

図3・12　風力発電供給モデル③

の週はほとんど風力発電が需要を上回っており，その分蓄電されて蓄電池残量は増加している．**図3・12**は夏場の例で，風力発電は連日需要を下回っており，蓄電池残量は減少している．

　以上のように，風力発電と蓄電池によって電力需要に供給する場合に必要となる蓄電池容量は，太陽光発電の場合と同様に需給バランス期間のとり方によって変わってくる．**表3・1**は第3章の結果をまとめたもので，蓄電池所要量は需給バランス期間を長くとると増加し，年間需給バランス

3・2　風力発電と蓄電池による年間需給バランス

表 3・1　風力発電の需給バランス期間と蓄電池所要容量例

需給バランス期間	算定根拠	蓄電設備容量[*1]
1 日	風力発電変動実績	0.6 日分[*3]
低出力継続期間[*2]	東北エリアの時間別実績モデルバランス	3〜4 日分
1 年	全国の月別実績バランス	44〜47 日分 （1.5〜1.6 月分）
	各エリアの月別風速推定発電によるバランス	18〜55 日分 （0.6〜1.8 月分）
	東北エリアの時間別実績モデルバランス	48 日分 （1.6 月分）

＊1：1 日あたり（（　）内は 1 月あたり）の平均需要電力量の倍数
＊2：風力発電の最大発電電力の 20 ％以下の低出力が継続する期間
＊3：変動周期 1 時間以下では　0.02 日分

のためには 18〜55 日分（約 0.6〜1.8 か月分）の需要電力量に相当する蓄電設備が必要となり，表 2・1 の太陽光発電よりは少なくなっている．

付録 3・1　風力発電の短周期変動の平準化に必要な蓄電池容量

1. 変動電源平滑化に必要な蓄電池容量

付図 3・1 のように変動電源と蓄電池を組み合わせて，電力需要に安定供給する場合の蓄電池の必要容量を求めてみる．

簡単な変動モデルとして，付図 3・2 のように時間的に一定な電力需要 $P_L = P_{L0}$ に対して，変動電源 P_G を需要電力に等しい平均電力 $P_{G0} = P_{L0}$ と，正弦波状に変動する P_{GV} の和とする場合，平均値を超える山の部分の余剰電力を蓄電池に充電し，平均値より少ない谷の部分の不足電力を蓄電池から放電して供給すれば安定供給ができる．

$$P_L = P_{L0} \tag{付3・1}$$

$$P_G = P_{G0} + P_{GV} \tag{付3・2}$$

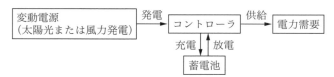

付図 3・1　変動電源と蓄電池の組合せ

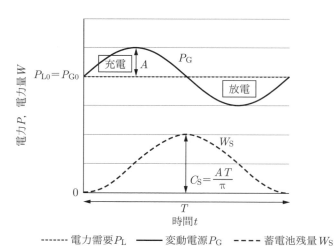

付図 3・2　変動電源と蓄電池容量

$$P_{\mathrm{GV}} = A \sin \frac{2\pi}{T} t \qquad\qquad (付 3・3)$$

ここに，A：変動分の振幅 [kW]，T：周期 [h]，π：円周率（$= 3.141\,6\cdots\cdots$）

需給差（発電と需要の差）P_{D} は，

$$P_{\mathrm{D}} = P_{\mathrm{G}} - P_{\mathrm{L}} = P_{\mathrm{GV}} \qquad\qquad (付 3・4)$$

変動電源を平滑化して電力需要に過不足なく供給するためには，蓄電池は $P_{\mathrm{D}} > 0$ のときに充電し，$P_{\mathrm{D}} < 0$ のときに放電する必要があり，蓄電池に充電されている電力量の残量 W_{S} は，

$$W_{\mathrm{S}} = \int_0^t P_{\mathrm{GV}} \mathrm{d}t$$
$$= \frac{A T}{2\pi} \left(1 - \cos \frac{2\pi}{T} t \right) \qquad\qquad (付 3・5)$$

W_{S} は $t = T/2$ のときに最大値 W_{Smax} をとり，これが必要な蓄電池容量 C_{S} となる．

$$W_{\mathrm{Smax}} = \frac{A T}{\pi} = C_{\mathrm{S}} \qquad\qquad (付 3・6)$$

ただし充放電効率は 100 % とする．

2．風力発電の短周期変動の平滑化に必要な蓄電池容量

風力発電の短周期変動については**付表 3・1** のようなデータが報告されており[2]，評価時間（変動を測る時間の長さ）が 10〜20 分では発電機設備容量の

付表 3・1　風力発電の短周期変動の例

評価時間		10〜15 分	20 分	1 時間	4 時間	12 時間	24 時間
国内の例[*2]		—	14〜25 %	40〜50 %	—	—	70〜80 %
欧米の例[*3]	最大低下	10〜30 %	—	20〜40 %	30〜70 %	50〜80 %	—
	最大上昇	10〜40 %	—	10〜40 %	20〜70 %	40〜80 %	—

＊1：出力変動は発電設備容量に対する比率（%）で，評価時間内の最大値 − 最小値
＊2：一部の電力会社の実績
＊3：欧米のウィンドファームの実績

---

[2]　NEDO：再生可能エネルギー技術白書（第 2 版，2014 年）

第3章　風力発電と蓄電池による供給

付表 3・2　風力発電の短周期変動平滑化に必要な蓄電池容量概算

	評価時間	20 分	1 時間	24 時間
	変動率[*1]	25 %	50 %	80 %
蓄電池所要容量[*2]	風力発電設備比率[*1]	1.3 % h	7.7 % h	305.7 % h
	日間需要電力量比率[*3]	0.3 %	1.5 %	58.8 %

*1：風力発電設備容量に対する比率
*2：蓄電池所要容量 $C = AT/\pi$，A：変動率/2，T：評価時間として求めた．
*3：電力需要の負荷率を 65 %程度，風力発電の利用率を 20 %程度とすると，需要電力量と等しい発電電力量を得るためには最大需要電力の 3 倍程度の風力発電設備が必要となるので，最大需要電力 = 風力発電設備容量[kW]/3 として

$$日間需要電力量 = \frac{100\ \%}{3} \times 24\ \mathrm{h} \times 0.65 = 520\ \%\ \mathrm{h}$$

に対する比率とした．

10〜40 %，1 時間では 20〜50 %，12〜24 時間では 40〜80 %と，バラツキは大きいが，評価時間が長いほど変動は大きくなっている．

　付表 3・2 は，付表 3・1 の出力変動を平滑化するために必要な蓄電池容量を概算したものである．ここでは，出力変動分を，振幅 A が変動分の 1/2 で，周期が評価時間に等しい正弦波で置き換えて，必要な蓄電池容量 $C_\mathrm{S} = AT/\pi$ として求めたものである．これによれば，蓄電池所要量は，評価時間 24 時間の場合，日間需要電力量の 60 %程度，1 時間以下では 2 %程度以下と小さくなっている．

第4章

太陽光発電と安定電源による供給

要 旨

- 東北エリアの実績需要モデルに，安定電源を代表して火力発電で供給している系統で，太陽光発電の導入率（年間需要電力量に占める太陽光発電の発電可能電力量の比率）を増加した場合について，1年間8760時間のシミュレーションによって需給バランスを算定した．ただし，太陽光発電からの供給を優先し，太陽光発電の増加に伴って火力発電を抑制するが，火力発電を最低出力限界まで抑制してもさらに太陽光発電が増加するときは，太陽光発電を抑制することとした．
- その結果，火力発電の最低出力を設備容量の30％とした場合，太陽光発電の導入率の増加に伴って太陽光発電から需要への供給が増加し，その分火力発電の供給が減少するが，太陽光発電の導入率が20％程度以上になると需要への供給は頭打ちとなり，その後の太陽光発電設備の増加分はほとんど余剰電力となる．導入率100％では太陽光発電の可能発電電力量のうち需要に供給できるのは20％程度で，残りの80％程度は抑制せざるを得なくなる．
- 火力発電の最低出力を変えたケースでは，最低出力が20％から40％に増加すると太陽光発電の余剰電力は増加するがその変化は少ない．
- 太陽光発電の余剰電力は，需要の少ない休日に発生しやすく，マクロ的な概算では太陽光発電の導入率が4％程度を超えると余剰電力が発生するおそれがある．
- 太陽光発電の増加に伴う余剰電力は，1年間の電力需要と太陽光発電電力を大きさの順に並べた持続曲線を直線で近似した直線近似持続曲線からも概算でき，8760時間のシミュレーションで求めたものと近い値が得られた．

第4章 太陽光発電と安定電源による供給

4・1 シミュレーションによる需給バランスの算定

　電力系統に太陽光発電や風力発電のようなコントロールの効かない変動再生可能エネルギー（VRE）が導入された場合，第2・3章のような蓄電池に代わって，発電電力＝需要電力の需給バランスを維持するための通常の対策は，水力・火力・原子力などの出力調整のできる安定電源によって変動分を調整する方法である．

　ここでは，電力系統への太陽光発電の導入率の増加に対して，安定電源を代表して火力発電と併用した場合の需給バランスについて，次のような条件で検討する．

① 需要モデルは，第2・3章と同様に，東北エリアの実績需要を最大電力1kWに圧縮したものとする．

② 太陽光発電の導入率を0〜100％に変化する．

③ 太陽光発電は夜間や曇天時には安定な供給力として期待できないので，最大電力に見合った設備容量1kWの火力発電を安定電源として併用する．火力発電の最低出力は設備容量の20〜40％一定とする．

④ 電力需要には太陽光発電からの供給を優先する．

⑤ 火力発電を最低出力まで抑制しても発電力に余剰を生じるときは，太陽光発電を抑制する．

⑥ 以上の条件で1年間，8760時間の需給シミュレーションによって，太陽光，火力発電，余剰電力を算定する．

　図4・1は，火力発電の最低出力を設備容量の30％としたケースで，太陽光発電の導入率を増やすと，太陽光発電から需要への供給電力量が増え，その分火力発電の供給電力量は減少する．しかし，太陽光発電の導入率が20％程度以上になると需要への供給電力量は頭打ちとなり，その後の太陽光発電設備の増加分はほとんど余剰電力となる．蓄電設備がないと太陽光発電の余剰電力分は出力を抑制せざるを得ず，導入率100％では太陽光発電可能電力量のうち需要に供給できるのは20％程度で残りの80％

4・1 シミュレーションによる需給バランスの算定

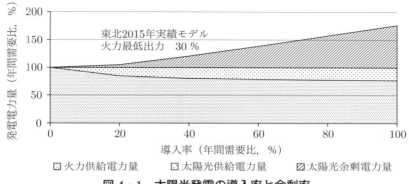

図 4・1 太陽光発電の導入率と余剰率

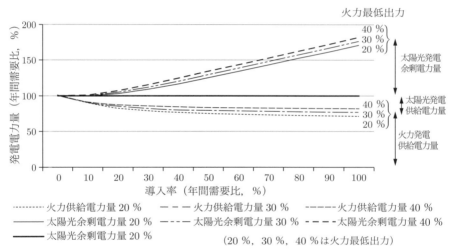

図 4・2 太陽光発電の導入率と余剰電力量

程度は抑制せざるを得なくなる．

図 4・2 は，図 4・1 で火力発電の最低出力を 20〜40 % に変えたケースで，最低出力が 20 % から 40 % に増加するに従って，太陽光発電の余剰電力が増加するが，その変化は少ない．

太陽光発電の導入率を増やしたときに最初に余剰電力が発生するのは，電力需要の少ない休日で，図 4・3 は図 4・1 の年間で最初に余剰電力が発生する 5 月 5 日（日）の日間電力需給バランスである．

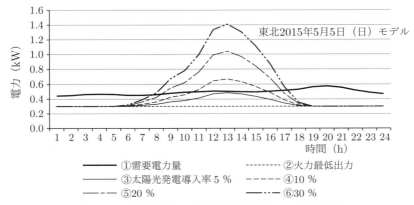

図 4・3　軽需要日の太陽光発電導入率と余剰電力

　この日の 12 時（12 時～13 時間帯）の 1 時間平均電力需要は 0.506 kW で年間最大値 1 kW の約半分となっており，導入率 5 % のときの太陽光発電電力 0.185 kW と火力最低出力 0.3 kW（設備容量 1 kW の 30 %）の和 0.485 kW は電力需要 0.506 kW に近づいている．当然導入率 10 % 以上では供給力が需要を上回って余剰電力が発生しており，導入率を増やした分のほとんどが余剰電力の増加となる．

　付録 4・1 は一般的に，火力発電の最低出力を設備容量の 30 % とした場合，太陽光，風力発電の導入率の増加に伴って余剰電力を生じる限界を大胆に概算したもので，導入率が太陽光発電で 4 % 程度，風力発電で 6 % 程度を超えると，併用する火力発電を最低出力まで抑制しても太陽光・風力発電電力が需要電力を超えて余剰電力を生じるおそれがある．

　2017 年度の全国の太陽光発電電力量合計は発電電力量の 5.3 %[1] 程度，エリア別では 4～8 % 程度となっており，近年 8 % 程度のエリアでは余剰電力を揚水発電所での貯蔵，他のエリアへの送電に回しても解消できず，太陽光発電の一部を出力抑制している．長期エネルギー需給見通し[2] では，2030 年度の全国の総発電電力量の 7 % 程度の太陽光発電を導入するこ

---

[1]　電力広域運営推進機関：平成 30 年度供給計画とりまとめ（平成 30 年 3 月）
[2]　経済産業省：長期エネルギー需給見通し（2015 年 7 月）

ととしており，今後太陽光発電の出力抑制をできるだけ抑えて活用する対策が重要となってくる．

4・2 持続曲線による需給バランスの算定

図4・4は，図2・13の最大電力1 kWの需要に100 %太陽光発電で供給する東北2015年のモデルについて，年間8 760時間の需要電力と太陽光発電電力を大きさの順（降順）に並べたもので，持続曲線と呼ばれる．同図では電力需要持続曲線と横軸に囲まれた面積は年間需要電力量に等しく，太陽光発電持続曲線と横軸に囲まれた面積は年間太陽光発電電力量に等しくなっており，この場合はさらに両者は等しくなっている．**表4・2**は，これらの抜粋であり，需要電力と太陽光発電電力は大きさの順に並べられており，それぞれに実時間と実時間番号（1月1日0時を1番として時間順につけた番号）がつけられている．両者は降順番号が等しくても実時間番号は異なっている．

太陽光発電持続曲線は需要電力持続曲線と全く異なった形をしており，太陽光発電で電力需要に供給するためには，蓄電池や火力発電などの安定電源によって各時間帯の太陽光発電を含む全供給電力を需要電力に合わせ

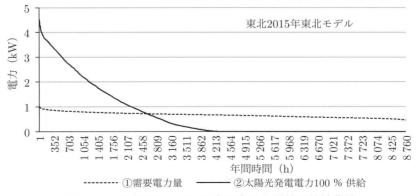

図4・4　電力需要，100 %太陽光発電供給の持続曲線

表 4・2　持続曲線抜粋（図 4・4）

降順番号 n	電力需要 電力 kW	電力需要 実時間 月/日/時	電力需要 実時間番号 m_1	太陽光発電 電力 kW	太陽光発電 実時間 月/日/時	太陽光発電 実時間番号 m_2
1	1.000 0	8/6/14	5 223	4.535 4	10/23/11	7 092
2	0.997 4	8/5/14	5 199	4.515 4	11/4/11	7 380
3	0.996 8	8/6/13	5 222	4.478 8	11/5/11	7 404
4	0.991 3	8/5/13	5 198	4.458 8	10/17/11	6 948
…	…	…	…	…	…	…
8 759	0.448 1	5/5/1	2 978	0.000 0	12/31/22	8 759
8 760	0.443 1	5/5/0	2 977	0.000 0	12/31/23	8 760

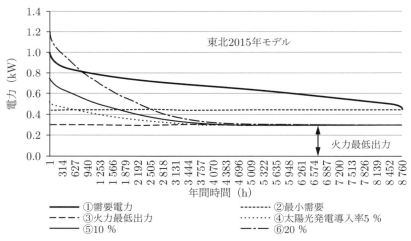

図 4・5　太陽光発電と火力発電併用時の持続曲線

る必要がある．

　図 4・5 は，図 4・1 と同様にこの需要に，設備容量 1 kW の火力発電（最低出力 30 %，0.3 kW）で供給しているときに，太陽光発電の導入率を増加した場合の持続曲線である．太陽光発電の導入率が 5 % 程度から，「火力最低出力＋太陽光発電」が電力需要の最小値を超えており，太陽光発電に余剰電力を発生するおそれがある．これは付表 4・1 と整合してい

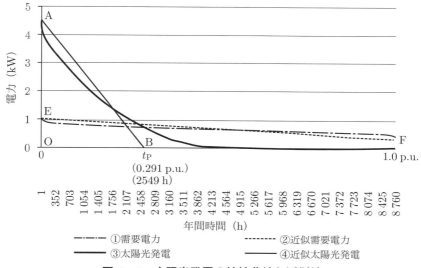

図 4・6 太陽光発電の持続曲線と近似線

る.「おそれがある」としたのは,「火力最低出力 + 太陽光発電」が最小需要線を超えても,その時点で需要が最小値をとらないこともあるからである.

図 4・6 は図 4・4 の持続曲線を最大電力点を通って年間電力量が等しくなるような直線で近似したものである.②の近似需要電力 EF は最大電力点 E を通り,横軸とで囲まれる面積が①の需要電力持続曲線と等しくなっている.④の近似太陽光発電 AB は発電電力最大点 A($OA = P_P$: 最大発電電力)を通り,AB と横軸で囲まれる面積 △OAB が太陽光発電の年間発電電力量 W_P(③の太陽光発電持続曲線と横軸とで囲む面積)と等しくなるようにとっている.$OB = t_P$ [h],太陽光発電の利用率 $= F_P$ [p.u.](p.u. は単位法で 1 p.u. = 100 %)とすれば,

$$W_P = \frac{P_P t_P}{2} = 8760 P_P F_P \qquad (4・1)$$

$$\therefore \quad t_P = 2F_P \times 8760 \qquad (4・2)$$

または

$$\frac{t_\mathrm{P}}{8\,760} = 2F_\mathrm{P} \qquad (4\cdot3)$$

太陽光発電の利用率 $F_\mathrm{P} = 14.55\,\% = 0.144\,5$ p.u. だから，

$$t_\mathrm{P} = 2F_\mathrm{P} \times 8\,760 = 2 \times 0.145\,5 \times 8\,760 = 2\,549\,\mathrm{h}$$

または

$$t_\mathrm{P} = 2F_\mathrm{P} = 2 \times 0.145\,5 = 0.291\,\mathrm{p.u.}$$

となっている．

t_P は $8\,760\,\mathrm{h} = 1\,\mathrm{p.u.}$ とする単位法で表示すれば，利用率 $F_\mathrm{P}\,[\mathrm{p.u.}]$ の 2 倍で，F_P が一定なら t_P も一定となり，W_P は P_P に比例して増加することになる．

図 4・7 は図 4・5 を近似持続曲線で表したものである．

図 4・8 は，図 4・7 をもとに付録 4・2 の近似計算によって，太陽光発電の導入率の増加に伴う余剰電力量の変化を求めたものである．近似計算で求めた余剰電力量は，図 4・1 の 1 年間の実績シミュレーションから求めた余剰電力よりも大きく出ているが，導入率の増加に伴って余剰電力が増加する傾向は両者で一致している．太陽光発電の近似持続曲線は図 4・6 のように，実績持続曲線の裾野の部分をカットしているために余剰率は

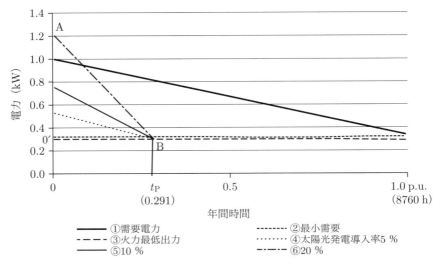

図 4・7 太陽光発電と火力発電併用時の近似持続曲線

4・2 持続曲線による需給バランスの算定

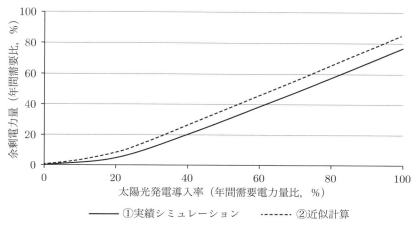

図4・8 太陽光発電と火力発電併用時の余剰電力量

大きく出ているものとみられる．

このように，図4・7で太陽光発電の利用率が一定であればB点が固定され，太陽光発電設備をさらに増加するとO'Aの増加に伴って余剰電力が増加していく割に，需要への供給電力は増加しない図4・1の傾向が一般的特性として確認できる．

付録 4・1 太陽光・風力発電が余剰を生じる導入率

1．太陽光発電が年間最大需要電力と等しくなる導入率

太陽光発電の導入率が D [%] のときの年間発電電力量 W_{PD} [kW·h] は，

$$W_{PD} = \frac{D}{100}\,W_L \qquad\qquad\qquad (付 4 \cdot 1)$$

ここに，

W_L：年間需要電力量 [kW·h] $= 8\,760 P_L \dfrac{F_L}{100}$

$W_{PD} = 8\,760 P_{PD} \dfrac{F_P}{100}$

$P_L,\ P_{PD}$：年間最大需要電力，太陽光発電の年間最大電力（簡単のために太陽光発電設備容量に等しいものとする）[kW]

$F_L,\ F_P$：電力需要の年間負荷率，太陽光発電の年間利用率 [%]

したがって，

$$P_{PD}F_P = \frac{D}{100}\,P_L F_L \qquad\qquad\qquad (付 4 \cdot 2)$$

であるから，

$$\frac{D}{100} = \frac{F_P}{F_L} \qquad\qquad\qquad (付 4 \cdot 3)$$

のとき，$P_{PD} = P_L$ となる.

2．太陽光発電が休日最大需要電力と等しくなる導入率

休日の最大需要電力を年間最大需要電力の K_1 倍で $K_1 P_L$ とすれば，導入率が（付 4・3）の K_1 倍で，

$$\frac{D_K}{100} = K_1\,\frac{D}{100} = K_1\,\frac{F_P}{F_L} \qquad\qquad\qquad (付 4 \cdot 4)$$

のときに太陽光発電の最大電力は休日最大需要電力 $K_1 P_L$ と等しくなる.

3．太陽光発電が年間需要電力最大時点で余剰を生じる導入率

バックアップ用の火力発電設備容量は最大需要電力に等しく，その最低出力は設備容量の B [%] で，太陽光発電は近似的に最大需要時点で最大値をとるも

のとすれば，導入率が（付 4・3）の $1-(B/100)$ 倍で，

$$\frac{D_{\mathrm{B}}}{100} = \left(1 - \frac{B}{100}\right)\frac{F_{\mathrm{P}}}{F_{\mathrm{L}}} \qquad\qquad (\text{付 } 4\cdot5)$$

のときに太陽光発電の最大値は $(1-(B/100))P_{\mathrm{L}}$ となって，導入率がこれ以上になると余剰を生じる．

4．太陽光発電が休日最大需要電力時点で余剰を生じる導入率

この場合も太陽光発電は近似的に，休日最大需要時点で最大値をとるものと

付表 4・1　太陽光・風力発電が余剰を生じる導入率概算

		導入率算定式		数値例[*1]	
		最大需要日	休日	最大需要日	休日
太陽光発電	太陽光最大発電電力が最大需要電力を超過	$\dfrac{F_{\mathrm{P}}}{F_{\mathrm{L}}}$	$K_1\dfrac{F_{\mathrm{P}}}{F_{\mathrm{L}}}$	21.5	10.8
	太陽光最大発電電力が火力発電調整限度を超えて余剰発生	$\left(1-\dfrac{B}{100}\right)\dfrac{F_{\mathrm{P}}}{F_{\mathrm{L}}}$	$\left(K_1-\dfrac{B}{100}\right)\dfrac{F_{\mathrm{P}}}{F_{\mathrm{L}}}$	15.1	4.3
風力発電	風力最大発電電力が最大需要電力を超過	$\dfrac{F_{\mathrm{W}}}{F_{\mathrm{L}}}$	$K_1\dfrac{F_{\mathrm{W}}}{F_{\mathrm{L}}}$	30.8	15.4
	風力最大発電電力が火力発電調整限度を超えて余剰発生	$\left(K_2-\dfrac{B}{100}\right)\dfrac{F_{\mathrm{W}}}{F_{\mathrm{L}}}$	$\left(K_3-\dfrac{B}{100}\right)\dfrac{F_{\mathrm{W}}}{F_{\mathrm{L}}}$	6.2	6.2

[*1]：数値例　　負荷率 $F_{\mathrm{L}}=65\,\%$，
休日最大電力の年間最大電力比 $K_1=0.5$
最大需要日の最小需要電力の年間最大電力比 $K_2=0.5$
休日の最小需要需要の年間最大電力比 $K_3=0.5$
火力最低出力の設備容量比 $B=30\,\%$
太陽光発電年間利用率 $F_{\mathrm{P}}=14\,\%$
風力発電年間利用率 $F_{\mathrm{W}}=20\,\%$

すれば，導入率が（付 4・3）の $K_1 - (B/100)$ 倍で，

$$\frac{D_{\mathrm{KB}}}{100} = \left(K_1 - \frac{B}{100}\right)\frac{F_{\mathrm{P}}}{F_{\mathrm{L}}} \qquad (付 4・6)$$

のときに太陽光発電の最大値は $(K_1 - (B/100))P_{\mathrm{L}}$ となって，導入率がこれ以上になると余剰を生じる．

風力発電については，最小需要時点で風力発電が最大値をとる可能性もあるものとして，同様に求めると，余剰電力を生じる導入率は**付表 4・1** となる．

付録 4・2　持続曲線による太陽光発電と火力発電併用時の余剰電力近似計算

1．太陽光発電設備が火力最大調整範囲内の場合（$P_{\mathrm{P}} \leqq P_{\mathrm{L}} - 0.3$）

付図 4・1 で最大電力 1 kW，負荷率 65 % の負荷持続曲線 EF の電力需要に，設備容量 P_{P}（OA）[kW]，持続曲線 AB の太陽光発電と設備容量 1 kW，最低出力 0.3 kW の火力発電で供給する場合，太陽光発電は需要電力と無関係に変化するものとして余剰電力量 W_{Ps} を概算してみる．

F 点の電力は簡単のために 0.3 kW として安定電源最低出力 0.3 kW と等しくとってある．この場合の負荷率は，

$$\frac{1.0 + 0.3}{2} = 0.650 \text{ p.u.} = 65.0 \text{ \%}$$

となる．

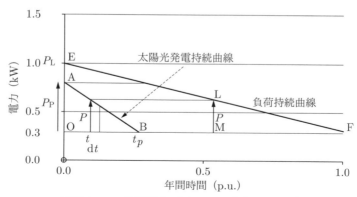

付図 4・1　余剰電力 (1)　$P_{\mathrm{P}} \leqq (P_{\mathrm{L}} - 0.3)$

O を原点，OF を時間軸，OE を電力軸，時間 t を年間 8760 = 1 p.u. とする単位法で表せば，太陽光発電電力量 $P\,dt$ は年間 OF のうち MF の期間に余剰が発生する可能性があり，その期間の余剰電力量は平均 $P\,dt/2$ であるから △OAB の余剰電力量 W_{Ps} は，

$$W_{Ps} = \int_0^{t_p} \frac{MF}{OF} \frac{1}{2} P\,dt \qquad (付4・7)$$

$$\frac{MF}{OF} = \frac{P}{0.7} \qquad (付4・8)$$

これより次のように求められる．

$$W_{Ps} = \frac{P_P \triangle OAB}{2.1} \qquad (付4・9)$$

2．太陽光発電設備が火力最大調整範囲外の場合（$P_P > P_L - 0.3$）

付図 4・2 で余剰電力は △OAB の部分で発生する．このうち △EAH の部分は全量余剰となる．□OEHK の部分は年間 OF のどこの時間帯でも余剰が発生する可能性があり，余剰電力量は平均的に □OEHK の半分とみなせる．△KHB の部分の余剰電力量は（付 4・9）と同様に求めれば △KHB/3 となる．したがって，

$$W_{Ps} = \triangle EAH + \frac{\square OEHK}{2} + \frac{\triangle KHB}{3} \qquad (付4・10)$$

太陽光発電は実際は電力需要の多い時間帯に集中するから，余剰電力は（付

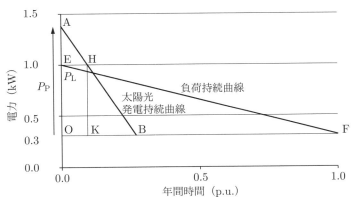

付図 4・2　余剰電力（2）　$P_P > (P_L - 0.3)$

4・9)，（付 4・10）よりは少なくなる．

風力発電についても同様に求められる．

第5章

風力発電と安定電源による供給

~~~~~~~~~~~~~~~ **要 旨** ~~~~~~~~~~~~~~~

- 第4章と同様に，東北エリアで安定電源の代表として火力発電で供給
  しているモデル系統で1年間8760時間のシミュレーションによっ
  て，風力発電の導入率を増加した場合の需給バランスを算定した．こ
  こでも風力発電からの供給を優先するが，火力発電を最低出力限界ま
  で抑制してもさらに風力発電が増加するときは，風力発電を抑制する
  こととした．

- その結果，火力発電の最低出力を設備容量の30％とした場合，風力
  発電の導入率の増加に伴って風力発電から需要への供給が増加し，そ
  の分火力発電からの供給が減少するが，風力発電の導入率が30％程
  度以上になると需要への供給は頭打ちとなり，その後の風力発電設備
  の増加分はほとんど余剰電力となる．導入率が100％では風力発電の
  可能発電電力量のうち需要に供給できるのは40％程度で，残りの
  60％程度は抑制せざるを得なくなる．この余剰電力は第4章の太陽光
  発電の場合よりは少なくなっている．

- 風力発電の余剰電力は，需要の少ない休日に発生しやすく，マクロ的
  な概算では風力発電の導入率が6％程度を超えると余剰電力が発生す
  るおそれがある．

- 風力発電の増加に伴う余剰電力は，電力需要と風力発電の直線近似持
  続曲線からも概算でき，8760時間の需給シミュレーションで求めた
  ものと近い値が得られた．

第5章 風力発電と安定電源による供給

5・1 シミュレーションによる需給バランスの算定

電力系統への風力発電の導入率の増加に対して，4・1と同様の条件で，最大電力1kWの東北モデル需要に安定電源として設備容量1kWの火力発電と併用して供給する場合の需給バランスについて，1年間，8760時間の需給シミュレーションによって検討する．

図5・1は，火力発電の最低出力を設備容量の30％としたケースで，風力発電の導入率を増やすと，風力発電から需要への供給電力量が増え，その分火力発電の供給電力量は減少する．しかし，風力発電の導入率が30％程度以上になると需要への供給電力量の増加は鈍化し，その後の風力発電設備の増加分の大半は余剰電力となる．蓄電設備がないと風力発電の余剰電力分は出力を抑制せざるを得ず，導入率100％では風力発電可能電力量のうち需要に供給できるのは40％程度で，残りの60％は抑制せざるを得なくなる．ただし，図4・1の太陽光発電に比べて風力発電の設備利用率が高いために，余剰電力量は少なくなっている．

図5・2は，図5・1で火力発電の最低出力を20～40％に変えたケース

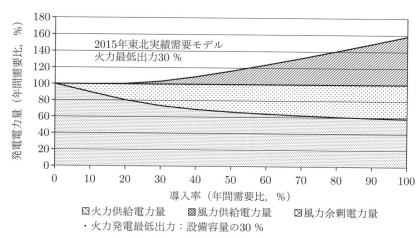

図5・1 風力発電の導入率と余剰電力

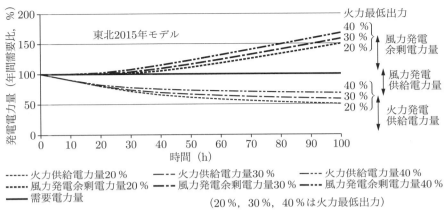

図 5・2　風力発電の導入率と余剰電力量

で，最低出力が 20 % から 40 % に増加するに従って，風力発電の余剰電力が増加するが，その変化は少ない．

風力発電の導入率を増やしたときに最初に余剰電力を発生するのは，電力需要の少ない休日で，**図 5・3** は図 5・1 の年間で最初に余剰電力が発生する 10 月 25 日（日）の 0～1 時ごろで，0.5 kW 程度の需要に対して導入率 10 % では，風力発電 0.2 kW ＋ 火力最低出力 0.3 kW ＝ 0.5 kW 程度で余剰電力が発生している．風力発電は需要の少ない深夜にも発電が増加す

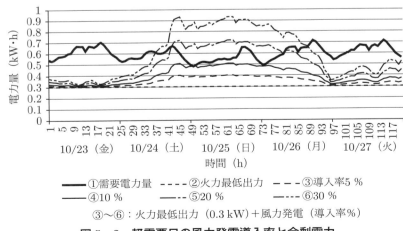

図 5・3　軽需要日の風力発電導入率と余剰電力

ることがある．付表4・1の概算でも，余剰電力が発生する風力発電の導入率は6％程度となっている．

5・2 持続曲線による需給バランスの算定

図5・4は図3・10の最大電力1kWの需要に100％風力発電で供給する東北2015年モデルにおける，年間8 760時間の需要電力と風力発電持続曲線である．風力発電の近似持続曲線は同図ABとなり，風力発電の利用率 $F_\mathrm{W} = 29.0\% = 0.290$ p.u. であるから，$t_\mathrm{W} = 2F_\mathrm{W} = 0.290 \times 2 = 0.580$ p.u. $= 0.580 \times 8 760 = 5 073$ h となっている．このモデルの風力発電の利用率は図4・6の太陽光発電の利用率14.5％の2倍となっており，持続曲線の傾斜は緩やかになっている．

図5・5は図5・1と同様に，この需要に設備容量1kWの火力発電（最低出力30％，0.3 kW）で供給しているときに，風力発電を導入した場合の持続曲線である．風力発電の導入率が5％を超えたあたりから「安定電源最低出力＋風力発電」が電力需要の最小値を超えており，風力発電の余剰電力を発生するおそれがある．

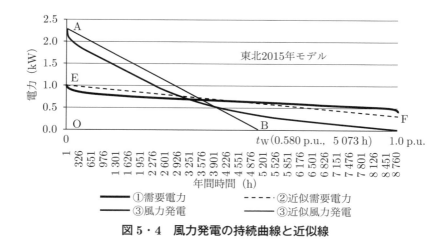

図5・4 風力発電の持続曲線と近似線

5・2 持続曲線による需給バランスの算定

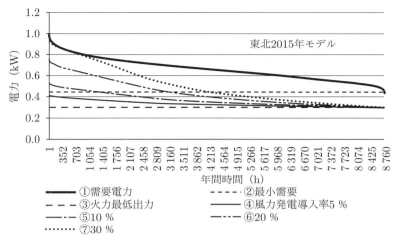

図5・5 風力発電と火力発電併用時の持続曲線

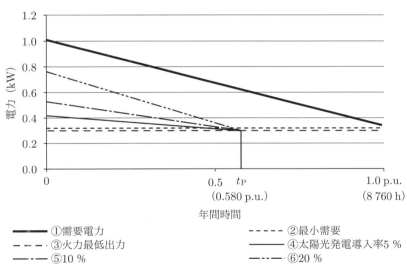

図5・6 風力発電と火力発電併用時の近似持続曲線

　図5・6は図5・5を近似持続曲線で表したものである．

　図5・7は，図5・6をもとに付録4・2の近似計算によって，風力発電の導入率の増加に伴う余剰電力量の変化を求めたものである．近似計算で求めた余剰電力量は，図5・1の1年間の実績シミュレーションから求

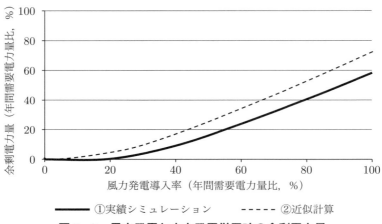

図 5・7　風力発電と火力発電併用時の余剰電力量

た余剰電力よりも大きく出ているが，導入率の増加に伴って余剰電力が増加する傾向は両者で一致している．風力発電の近似持続曲線は図 5・4 のように，実績持続曲線の裾野の部分をカットしているために余剰率は大きく出ているものとみられる．図 4・8 の太陽光発電に比べて利用率が高いために，余剰電力は少なくなっている．

第6章

太陽光・風力発電の安定供給コスト

~~~~~~~~ **要 旨** ~~~~~~~~

- 第2章，3章のように太陽光または風力発電と蓄電池で供給する場合のコスト単価をモデルプラントの発電コストから概算すると，発電機単独の発電コスト単価の26～63倍となった．この大部分は蓄電池のコストで，季節間の出力変化を平準化するための蓄電池容量と建設費が膨大となるためである．

- 太陽光発電と風力発電は，季節的な変化が異なっているため，蓄電池容量を最小化する両者の組合せ比率を求めてみた．その結果，全国合計では太陽光発電と風力発電の比率が50：50のときに蓄電池容量は年間需要電力量の3.3％となり，100％太陽光発電供給時の12.8％，100％風力発電供給時の11.6％の1/4程度に減少する．しかし蓄電池を含めた供給コストは，太陽光・風力発電単独コストの8～17倍となっている．

- 第5章，6章のように安定電源を代表して火力発電で供給している系統に，太陽光または風力発電の導入率を高めていくと，太陽光・風力発電の増加分の多くは余剰電力となって抑制しなければならず，供給コスト単価は増加する．太陽光または風力発電の導入率を100％（需要電力と等しい電力量を発電できる設備を導入）とした場合，発電単独コストに比べて，太陽光発電では4.3倍，風力発電では2.4倍となった．太陽光または風力発電と火力発電の合計コスト単価も火力発電のみのコスト単価の2倍以上となった．

- 太陽光または風力発電の余剰電力を蓄電して再利用し，火力発電を抑制する場合の経済性について概算すると，晴天日の昼に充電して昼以外に放電し，年間200回程度，充放電する場合は，1充放電あたりの蓄電コストが低下して採算がとれる可能性があるが，夏に充電して冬に放電するような年1回程度の充放電では採算がとれず，余剰電力は蓄電するよりも抑制した方が経済的と考えられる．

6・1 太陽光・風力発電と蓄電池による供給コスト

(1) 太陽光または風力発電と蓄電池による供給コスト

第2章のデータから太陽光発電と蓄電池の合計供給コスト単価を概算してみる．太陽光発電の年間費用 C_P [円] は，

$$C_P = W_P C_{Pa} \tag{6・1}$$

ここに，
　W_P：年間太陽光発電電力量 (kW・h)
　W_L：年間需要電力量 (kW・h)，$W_P = W_L$
　C_{Pa}：太陽光発電コスト単価 (円/(kW・h))

蓄電池の年間費用は近似的に太陽光発電と同様に建設費にほぼ比例するものとすれば，太陽光発電と蓄電池の合計年間費用 C_{Pt} [円] は，

$$C_{Pt} = \frac{C_P}{C_{Pc}}(C_{Pc} + C_{SPc}) \tag{6・2}$$

ここに，
　C_{Pc}，C_{SPc}：太陽光発電，蓄電池の建設費

したがって，太陽光発電と蓄電池の合計供給コスト単価 C_{Pat} [円/(kW・h)] は，

$$C_{Pat} = \frac{C_{Pt}}{W_L} = \frac{C_{Pa}}{C_{Pc}}(C_{Pc} + C_{SPc}) \tag{6・3}$$

風力発電についても同様に求められる．

表 6・1 は，最大電力 1 kW の需要に，太陽光または風力発電と蓄電池で供給する場合のコスト単価で，季節間の出力変化を平滑化するための蓄電池容量と建設費が膨大となるために，発電機単独の発電コストに比べて，26〜63 倍程度となっている．なお，発電コスト単価は，太陽光発電はメガソーラで出力 2 MW，風力発電は陸上で出力 30〜100 MW のモデルプラントの値[1]を使用した．太陽光，風力発電の利用率は，東北エリアの

表 6・1 太陽光，風力発電と蓄電設備併用時の供給コスト

	太陽光発電		風力発電	
	設備容量	コスト単価[*2]	設備容量	コスト単価[*2]
発電設備	4.64 kW	1.0	3.25 kW	1.0
蓄電池	854.1 kW・h	25.0〜62.4	569.4 kW・h	24.7〜61.7
合計	—	26.0〜63.4	—	25.7〜62.7
モデルプラント	—	(24.2) 1.0	—	(21.6) 1.0

*1：最大電力 1 kW，年負荷率 65 ％の需要（5 694.0 kW・h）に供給する設備，コスト
*2：コスト単価：太陽光または風力発電単独単価の倍数．（　）内は発電単独単価 (円/(kW・h))
*3：算定条件

発電	太陽光発電	風力発電	備考
利用率 (％)	14	20	
建設単価 (万円/kW)	29.4	28.4	
蓄電池容量 (％)	15	10	年間需要比

*4：蓄電池建設単価 4〜10 万円/(kW・h)（表 7・2）

2015 年の実績では，12 ％，24 ％程度となっているが，ここでは標準的な値[(1)]14 ％，20 ％を用いた．また，蓄電池の建設単価は表 7・2（後述）の現状の 4〜10 万円/(kW・h) とした．

　月別日射量の夏季/冬季の比，風力エネルギーの強風期/弱風期の比は，地域によって異なるが，いずれもおおむね 2〜3 倍程度となっており，また月別需要電力量の最大月/最小月の比は 1.2〜1.4 倍程度である．このため太陽光，風力発電と需要電力の需給差の季節間格差を平準化するために，年間需要電力量の 5〜20 ％程度の膨大な蓄電設備が必要となり，供給コストが大幅に増加する．したがって従来の蓄電設備の大幅なコストダウンや，新しいエネルギー貯蔵方法として水素を使用する水素化（Power to

---

(1) 総合資源エネルギー調査会，長期エネルギー需給見通し小委員会：発電コスト検証ワーキンググループ報告書（2015 年）

Gas) などの開発が必要とされている（表7・1）．

(2) 蓄電池容量を最小とする太陽光・風力発電の組合せ

　太陽光・風力発電は季節的な変動が多いために年間を通して電力需要に見合って安定に供給するためには，この季節間変動を平準化するための膨大な蓄電池が必要となり，供給コストの大幅な増加をきたす．わが国では一般に，太陽光発電は夏に多く冬に少ない．風力発電は地域によって異なるがおおむね冬から春にかけて多く夏に少ない．したがって太陽光発電と風力発電を組み合わせれば年間を通して供給力が平準化され，蓄電池容量の低減が図れる可能性がある．そこで蓄電池容量を最小化する，太陽光発電と風力発電の組合せ比率を求めてみる．

　図6・1は，2015年の全国合計について，100％太陽光発電供給の場合（図2・5），100％風力発電供給の場合（図3・3），および太陽光発電と風力発電の供給電力量の比率を変えた場合について，年間の蓄電池残量（需給差累計）の変化を求めたものである．ここでは，太陽光発電と風力発電比率が50％：50％のときに蓄電池残量の変化が最も少なく，所要蓄電池容量も最小で年間需要電力量の3.3％となっており，100％太陽光発電供給時の12.8％，100％風力発電時の11.6％に比べて大幅に減少している．

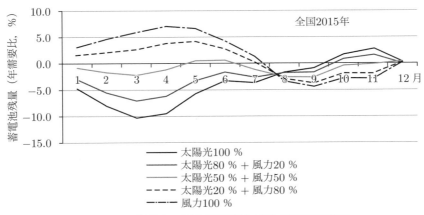

図6・1　太陽光・風力発電組合せ時の蓄電池残量

表6・2 蓄電池容量を最小とする太陽光・風力発電組合せ供給コスト

		設備容量	建設費	コスト単価	
			万円	円/(kW・h)	倍数
発電設備	太陽光	2.32 kW	68.2	24.2	—
	風力	1.62 kW	46.2	21.6	—
	小計	3.94 kW	114.4	22.9	1.0
蓄電池[*1]		187.90 kW・h	751.6～1 879.0	150.5～376.1	6.6～16.4
合計		—	—	173.4～399.0	7.6～17.4

*1：太陽光・風力発電50 %：50 %供給時の蓄電池容量＝年間需要の3.3 %（全国2015年）．その他の条件は表6・1と同様

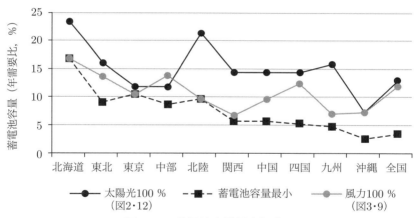

図6・2 蓄電池容量最小組合せ

この場合のコストも表6・2のように表6・1に比べて減少しているが，なお蓄電池コストによって，太陽光・風力発電単独のコストの8～17倍となっている．

図6・2は，各エリアについて蓄電池容量が最小となる太陽光発電と風力発電の組合せを求めたもので，地域によって異なるが蓄電池所要量はそれぞれ単独の場合よりも減少している．

6・2　太陽光・風力発電と安定電源による供給コスト

　図6・3は図4・1から求めた太陽光発電の導入率の増加に伴う供給コスト単価の変化で，導入率の増加に伴う発電電力量の増加分の多くは余剰電力となり，供給電力量が増えないために太陽光発電の供給コスト単価は急増している．

　図6・4は同様に図5・1から求めた風力発電の供給コスト単価の変化で，太陽光発電に比べて余剰電力量の増加が少ないために風力発電の供給コスト単価の増加も少ない．

　表6・3は以上を取りまとめたもので，東北2015年実績モデルで，火力発電と併用して，太陽光または風力発電の導入率を100％とした場合，太陽光または風力発電の供給コスト単価は発電のみの単価に比べて，太陽光発電では4.3倍に，風力発電では2.4倍に増加している．太陽光または風力発電と火力発電の合計供給コスト単価も火力発電のみのコスト単価の2倍以上に増加している．また，1kWの需要に供給するために必要な発電設備も，太陽光と火力発電併用時は5kW以上，風力発電と火力発電併用

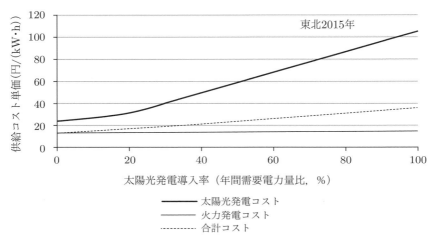

図6・3　太陽光発電と火力発電の併用供給コスト

6・2 太陽光・風力発電と安定電源による供給コスト

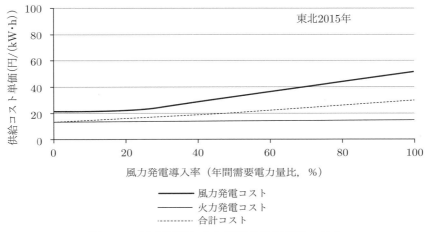

図 6・4　風力発電と火力発電の併用供給コスト

表 6・3　太陽光・風力発電と安定電源併用供給コスト

発電方式	太陽光発電 設備容量	コスト単価	風力発電 設備容量	コスト単価
太陽光または風力	4.54 kW	4.3[*2]	2.28 kW	2.4[*2]
安定電源	1.00 kW	1.1[*3]	1.00 kW	1.2[*3]
合計	5.54 kW	2.7[*3]	3.28 kW	2.3[*3]
太陽光または風力単独	1.00 kW	24.2 円/(kW・h)	1.00 kW	21.6 円/(kW・h)
安定電源単独	1.00 kW	13.0 円/(kW・h)[*4]	1.00 kW	13.0 円/(kW・h)[*4]

*1：最大電力 1 kW に圧縮した 2015 年東北実績モデルで，太陽光または風力発電の導入率 100 ％時の供給設備容量，コスト
*2：太陽光または風力単独発電コスト単価に対する倍率
*3：安定電源単独発電コスト単価に対する倍率
*4：設備利用率 70 ％の石炭とガスのモデル火力の平均発電コスト単価[(1)]

時は 3 kW 以上となっている．

　余剰電力蓄電の経済性：太陽光・風力発電の余剰電力を抑制する代わりに蓄電して再利用し，火力発電を抑制する場合の経済性について概算してみる．**表 6・4** は蓄電池の充放電コストの概算で，蓄電池の建設コスト単

価を 4～10 万円/kW·h，寿命を 20 年とすれば年平均コスト単価は 2 000 ～5 000 円/(kW·h × 年) となる．年間晴天日数を 200 日程度として年間 200 回程度，日ごと充放電するものとすれば，1 回当たりの充放電コスト単価は 10～25 円/(kW·h × 回) となる．モデル火力発電コスト単価[1]は，石炭火力 12.3 円/(kW·h)（内燃料費 + CO_2 対策費 = 8.5 円/(kW·h)），LNG 火力 13.7 円/(kW·h)（同 = 12.1 円/(kW·h)）程度であるから，余剰電力を蓄電して再利用し，火力発電を抑制できれば，（充放電コスト単価）＜（火力発電抑制コスト単価（燃料費 + CO_2 対策費））となって，採算がとれる可能性はある．ただし充放電効率を考慮すれば採算性はさらに厳しくなる．一方，夏に充電して冬に放電するような年 1 回程度の充放電の場合は 1 回当たりの充放電コストは 2 000～5 000 円/(kW·h) 程度となり，火力発電の抑制では全く採算がとれず，余剰電力は蓄電して再利用するより抑制した方が経済的と見られる．

表 6·4 蓄電池の充放電コスト単価概算

①	建設コスト単価	4～10 万円/(kW·h)	
②	年平均コスト単価（①/$n^{(*1)}$）	2 000～5 000 円/(kW·h × 年)	
③	1 充放電当たりコスト単価（②/$m^{(*2)}$）	日ごと充放電（m = 200 回/年）	10～25 円/(kW·h × 回)
		年 1 回充放電（m = 1 回/年）	2 000～5 000 円/(kW·h × 回)

[*1] n = 寿命（年），ここでは 20 年とした．
[*2] m = 年間充放電回数（回），日ごとの昼夜間充放電回数として年間晴天日数 200 日程度，季節的充放電回数として 1 回程度をみた．

第7章

最近の高脱炭素技術の動向

~~~~~~~~~~~~~~ **要 旨** ~~~~~~~~~~~~~~

- 太陽光・風力発電の導入量の増加に伴って，大電力貯蔵設備によって季節的な変動を平準化するためには，大電力貯蔵設備が必要となるが，現用の蓄電池ではコストが高く，今後大幅なコストダウンが必要である．将来は水素化による電力貯蔵が有望であるが，現在は小規模実証試験段階であり今後の技術開発，実用化が期待される．

- 火力発電から排出される CO_2 を回収して地下に貯留する CCS（二酸化炭素回収・貯留）は，超長期的にはほとんどの火力発電に導入することとして，実証試験が行われている．CCS は CO_2 の回収，液化，貯蔵，輸送，地下への圧入など大規模設備が必要となり，今後，貯留地点の確保，トータルコストの削減，地域社会とのコミュニケーション，理解が必要となる．

- 最近の海外の高脱炭素電源ミックスの研究によれば，CO_2 排出ゼロを目指すには，各種の低炭素資源の組合せ利用が最善であり，原子力，バイオマス，水力，CCS のような調整可能な低炭素ベースロード資源が不可欠である．これらを除いて，太陽光・風力のような変動再生可能エネルギー資源に多くを依存すると，脱炭素電力システムのコストと技術的課題が非常に増加する．CO_2 ゼロ排出に到達するためには，次善策の削減に慎重であることが大事で，各種対策の技術開発，実用化を促進するような政策，市場メカニズムが重要である．

7・1 最近の大電力貯蔵技術

太陽光・風力発電のような変動再生可能エネルギーは季節間の長期的な変動が大きく，これを電力需要に合わせて平準化するためには，年間電力需要の数〜十数パーセントに相当する大電力を数か月にわたって長期間貯蔵する設備が必要となる．

最近の大電力貯蔵設備には次のようなものがある（**表7・1**）．

a．蓄電池

蓄電池は充電（外部から蓄電池に電力を注入して化学エネルギーとして蓄積）と放電（蓄電池に蓄えた化学エネルギーを電力として外部に放出）を繰り返して行える電池で，電化機器，電気自動車の電源などに広く使用されている．再エネの余剰電力を充電しておいて，必要なときに充電した電力を取り出して使えるが，長期間にわたる変動再生可能エネルギーの出力平準化には，さらなる大容量化，コストの抜本的低減が必要である．

b．揚水発電

発電所の上部と下部に池を設け，電力需要の少ないときの供給余力を利用して，下池の水を上池に揚水貯蔵し，必要に応じて上池の水を下池に落して利用して発電する方式である．発電時に水車で駆動される発電機が，揚水時に電動機となって水車を回す揚水ポンプの役割をする．深夜の軽負荷時に揚水し，昼間の重負荷時に発電する日間需給調整に用いられることが多いが，最近では休日の昼間に太陽光発電の余剰電力で揚水し，夕方の重負荷時に発電するケースも出ている．国内の揚水発電所は最大193万kW，合計2 700万kW·hあるが，揚水時間を10時間程度とすると蓄電量は約3億kW·hである．今後の国内の大規模揚水発電所の建設適地はほとんどなくなっている．

c．圧縮空気

余剰電力を利用して空気を圧縮して地下の岩盤などに貯蔵しておき，必要なときに貯蔵した圧縮空気をガスタービン発電の燃料混合空

表 7・1　大電力長期貯蔵技術[1][2]

貯蔵技術 （エネルギー形態）	方式，特徴	用途，実証試験
蓄電池 （化学エネルギー）	・充電と放電を繰り返して行える電池．充電時に外部電源から電池に電力を注入して化学エネルギーとして蓄え，放電時に電池に蓄えた化学エネルギーを外部に電力として放出する． ・使用実績は多いが，大容量化，大幅コスト低減が必要	・電化機器，電気自動車 ・電力系統の周波数，電圧，潮流調整 ・変動再生可能エネルギーの出力変動の平準化 　NaS 電池：青森県二又風力発電所（51.0 MW）の出力一定制御用（34 MW，300 MW・h，2008 年） 　レドックスフロー電池：北海道南早来変電所，太陽光，風力発電による出力変動の電力系統への影響緩和（15 MW，60 MW・h，2015 年）
揚水発電 （位置エネルギー）	・余剰電力を利用して下池の水をポンプ水車で上池にくみ上げて水の位置エネルギーとして蓄える，必要なときに上池の水を水車発電機を通して下池に流して発電する． ・大容量設備が実用化されているが，今後の国内の大容量地点は制約される．	・深夜の軽負荷時に揚水し，昼間の重負荷時に発電する． ・変動再生可能エネルギーの余剰電力で揚水し，必要なときに放流して発電する． ・揚水発電は全国で合計約 2 700 万 kW・h，蓄電容量約 3 億 kW・h，最大発電所 193 万 kW
圧縮空気 （CAES，圧力エネルギー）	・余剰電力を利用して空気を 40～80 気圧に圧縮して地下の岩盤内に貯蔵する．必要なときに圧縮空気をガスタービン発電の燃料混合空気として利用する． ・大容量設備が実用化されているが，サイクル効率が低く，地点制約がある．	・発電時の空気圧縮動力が不要となるため，発電効率が向上する． ・発電容量：ドイツ（29 万 kW，1978 年），アメリカ（11 kW，1991 年） ・日本 NEDO：1.8 万 kW の風力発電所の出力変動緩和用に，1 000 kW，500 kW・h の CAES 装置の実証試験開始，静岡県河津町（2018 年）
水素 （Power to Gas，化学エネルギー）	・余剰電力を利用し，水を電気分解して水素を製造し，加圧，液化（−253 ℃），水素吸蔵合金への吸蔵，またはアンモニアなどの水素化合物として貯蔵する．必要なときに貯蔵水素を燃料電池やガスタービン発電機の燃料として利用する． 　また，水素を工業製品の原料として利用できる可能性もある． ・月～季節単位の長期間，大容量貯蔵ができるが，サイクル効率が低く，小規模実証試験段階である．	・アメリカ DOE：風力発電 110 kW，太陽光発電 10 kW で水電解水素製造，圧縮貯蔵 115 kg，燃料電池，ガスエンジンで発電（2006～2010 年） ・日本 NEDO：太陽光発電所と系統からの電力を用いて，世界最大級の 1 万 kW の水素製造装置により年間 900 t の水素を製造，貯蔵し，発電・交通・産業用に供給，福島県浪江町（2018 年）

気として利用して発電効率を向上する．ドイツなどで大容量設備が実用化されており，日本でも風力発電所の出力変動緩和用に実証試験が行われている．大容量化の可能性はあるが，サイクル効率（電力貯蔵から発電までの効率）が低く，建設地点が制約される．

d．水素化

余剰電力を利用して水を電気分解して水素を製造し，加圧，液化，水素吸蔵合金への吸収，またはアンモニアなどの水素化合物として貯蔵する．必要なときに貯蔵水素を燃料として，燃料電池やガスタービン発電機によって発電する．また，工業製品の原料として利用できる可能性もある．再生可能エネルギー電源の発電電力を水素エネルギーに変換することは「Power to Gas」と呼ばれ，国内外で導入が検討されている．月〜季節単位の長期間，大容量エネルギー貯蔵が可能であるが，サイクル効率が低く，小規模実証試験段階である．

表7・2は主な電力貯蔵用の蓄電池の比較で，NaS電池，レドックスフロー電池は大容量のものが実用化されている．**表7・3**は大電力長期貯蔵技術の比較で，水素化はほかに比べて容量が大きく，長期間貯蔵が期待で

表7・2　電力貯蔵用蓄電池の比較[1][3][4]

種類	大容量化実績	充放電効率（%）	システム価格現状（万円/(kW・h)）
鉛蓄電池	1 000 kW・h 級	75〜87 程度	5[4]
NaS 電池	数十万 kW・h 級	75[3]〜90[1]程度	4[4]
ニッケル水素電池	数百 kW・h 級	80〜90 程度	10[4]〜30[1]
リチウムイオン電池	数百 kW・h〜数千 kW・h 級	94〜96 程度	20[4]
レドックスフロー電池	数万 kW・h 級	80〜90 程度	6[1]

[1]　NEDO：再生可能エネルギー技術白書（第2版，2014年）
[2]　資源エネルギー庁ウェブサイト：再エネの安定化に役立つ「電力系統用蓄電池」
[3]　電気化学会エネルギー会議，電力貯蔵技術研究会：大規模電力貯蔵用蓄電池（2011年）
[4]　辰巳国昭：蓄電池の概要と大型化に向けた開発動向（電気学会誌　2014年11月）

表 7・3　大電力長期貯蔵技術の比較[5]

方式	ユニット容量	サイクル効率[*1]（%）	システム価格（万円/(kW·h))	技術レベル	需給調整時間軸
蓄電池	10万 kW·h 級	75〜95	3.2〜68.2	実用	分，時，日
揚水式水力	100 万 kW·h 級	50〜85	2.8〜4.7	実用	分，時，日
圧縮空気貯蔵	100 万 kW·h 級	27〜70[*2]	0.7〜1.4	実用	分，時，日
水素化（Power to Gas）	100 万 kW·h 級	22〜50[*3]	4.8〜9.6（変換のみ[*4])	実証試験	時，日，月

*1：サイクル効率：電力貯蔵から発電までの効率
*2：27 % 付近の効率は，空気を圧縮貯蔵後，圧縮空気の解放時に運動エネルギーでタービン発電機を回すまでを想定．70 % 付近は，空気の圧縮時に出る熱を蓄熱し，発電に用いることに加え，外部からの熱供給を想定．
*3：22 % 付近は，水素と CO_2 からメタンを合成して発電までを想定．50 % 付近は，水電解 ＋ 発電を想定．
*4：水素化による貯蔵までの価格

きるが，現在は小規模の実証試験段階である．

　なおわが国では，水素基本戦略が閣議決定され（2017 年），2050 年を視野に入れた将来目指すべきビジョンを示すとともに，水素の生産から利用まで，各省にまたがる規制の改革，技術開発，インフラ整備などの政策群を統合した．この戦略では，水素を再生可能エネルギーと並ぶ新しいエネルギーの選択肢としている．再エネの余剰電力で水素をつくって製造から使用までカーボンフリーのエネルギーを実現すること，海外の地元でしか使われていない褐炭などから水素を製造し，液化して船で日本に輸送する国際的なサプライチェーンによって水素のコストを低減すること，ガソリンスタンドのように水素を充填できる「水素ステーション」のインフラネットワークの拡充，燃料電池電気自動車，発電，産業利用など，水素をあらゆるシーンで利用する水素社会の実現を掲げている．

---

[5]　NEDO：TSC レポート，電力貯蔵分野の技術戦略策定に向けて（2017 年）

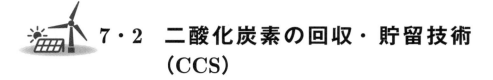

7・2 二酸化炭素の回収・貯留技術 (CCS)

(1) CCSの位置付け

　地球温暖化の原因の一つの二酸化炭素CO_2を削減するために，二酸化炭素を回収して地下に貯留する技術は，CCS（Carbon dioxide Capture and Storage：二酸化炭素回収・貯留）と呼ばれ最近関心が高まっている．また，回収したCO_2を利用する技術は，CCUS（Carbon dioxide Capture, Utilization and Storage：二酸化炭素回収・利用・貯留）と呼ばれ，たとえばアメリカではCO_2を古い油田に注入して，油田に残った古い原油を押し出して回収する増進回収技術（EOR：Enhanced Oil Recovery）によって，CO_2を地中に貯留するCCUSが行われている．

　IEA（国際エネルギー機関）の報告書によれば，パリ協定に基づくCO_2排出の各国の現在の削減目標を考慮すれば2060年の世界のCO_2排出量は398億tとなるが，2100年までに世界の気温上昇を2℃以内とする場合は，これを300億t程度（約80％）削減して90億トン程度とする必要がある．この300億tは，エネルギーの効率向上，再生可能エネルギー，原子力などで削減することとしているが，CCSにその16％を期待している．ちなみに2016年の世界のCO_2排出量の大部分を占めるエネルギー起源分（燃料の燃焼で排出される分）は323億tで，そのうち最大は中国の28.2％，2位はアメリカの15.0％，3位はEUの9.9％，日本は6位で3.5％（11.5億t）となっている．

　CCSの実用化については，欧米諸国で2050年に向けた長期戦略においてゼロエミ化の重要な手段として火力発電所などに導入することとし，2018年3月現在，年間40万t以上の大規模CCSプロジェクトとして17件が運転中（大半はEOR），20件が建設・調査中である．日本でも地球温暖化対策計画（2016年），第5次エネルギー基本計画（2018年）で，CCSの実用化を目指した研究開発を加速し，超長期的にはほとんどの火力発電

にCCSを導入し，世界を技術的に主導することとしている．

(2) CCSの構成と実証試験[6][7][8]

CCSは図7・1のようにCO$_2$の分離・回収，輸送，圧入の工程からなっている．
① CO$_2$の分離・回収　火力発電所や製鉄所などで発生する排ガスからCO$_2$を分離・回収するには，CO$_2$を選択的に溶解できるアルカリ性溶液に吸収させ，蒸気を使ってそれを取り出す化学吸収が多く用いられるが，ほかに固体吸収材による低コスト回収技術の実証試験も日本で計画されている．
② CO$_2$の貯留　回収したCO$_2$は地下の貯留層に圧入して貯留する．貯留槽は粒子間の空隙が大きい砂岩に水が飽和されている帯水層や，化石燃料を長期間封じ込めていた石炭，石油層などで，CO$_2$の漏えいが少なく長期間安定して貯留できる地層である．
③ CO$_2$の輸送　火力発電所などの大規模なCO$_2$排出源の多くは，必ずしも貯留適地に接近しているとは限らず，両者が遠隔の場合はCO$_2$

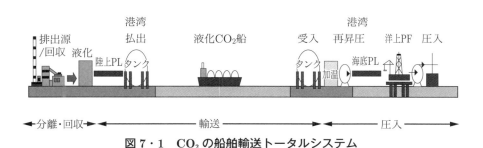

図7・1　CO$_2$の船舶輸送トータルシステム

---

[6] 経済産業省：地球環境連携室：CCSを取り巻く状況，CCSの実証および調査事業のあり方に向けた有識者検討会（2018年）
[7] 国立環境研究所：CO$_2$回収・貯留（CCS），環境技術解説（2016年）
[8] 資源エネルギー庁：知っておきたいエネルギーの基礎用語〜CO$_2$を集めて埋めて役立てる「CCUS」（2017年）

の長距離輸送が必要となる．

　短距離輸送はパイプライン，長距離輸送は船舶がコスト的に有利とされている．船舶輸送の場合は，CO_2 を液化して液化 CO_2 船で輸送し，貯留地点で気化して貯留槽に圧入する．

日本では，2009 年から経済産業省と NEDO からの委託事業として，北海道・苫小牧で CCS の大規模な実証実験が行われている．製油所の水素製造装置から生成される CO_2 を含むガスから，化学吸収で年間 10 万 t の CO_2 を分離回収し，沿岸の海底下 1 000～3 000 m の貯留槽に圧入し貯留する．分離・回収と圧入設備は同一敷地で，CO_2 輸送はない．

(3) 今後の課題

① 貯留適地の確保　　調査井の掘削などにより地層を調査し，CO_2 の漏えいが少なく長期間安定して貯留できる貯留地点を確保する．

② トータルコストの削減　　CO_2 の回収，貯留，輸送の検討を進めて，コスト削減を図る（CCS コストを含めた石炭火力の発電コスト（円/(kW・h)）の試算例では，発電のみのコストの 2 倍程度となっている）．

③ ステークホルダーとの連携　　CCS 事業について，地域社会・国民とのコミュニケーションにより，理解を深める．

なお，日本の CCS 必要量は，(1)項の IEA 報告の 2060 年 CO_2 排出量の 16 ％程度とみれば，2016 年の日本の CO_2 排出量が 11.5 億 t であるから，2 億 t 程度となる．また，火力発電では消費した燃料の 2～3 倍の重量の CO_2 を排出し，100 万 kW，利用率 70 ％の石炭火力では年間 200 万 t 程度の石炭消費量に対して 500 万 t 以上の CO_2 を排出する．この膨大な CO_2 の液化，輸送には大規模な設備と費用を要するから，CCS の計画，評価には慎重な配慮が必要と考えられる．

7・3　海外の高脱炭素電源ミックスの研究

　2015年のパリ協定を踏まえて先進諸国では2050年までに温室効果ガスの排出を現在よりも80％以上削減することとしている．この目標に向けて，海外でも高脱炭素電源ミックスについて研究が行われているので，次にその一部を紹介する．

(1)　アメリカ全土を風力と太陽光発電で供給する場合の最適組合せ[9]

　アメリカ全土を変動再生可能エネルギーVREで供給する場合について，32年間の1時間ごと，$40 \times 40 \mathrm{~km}^2$ ごとのデータに基づいて，風力と太陽光発電の最適組合せを求めた．VREの平均発電電力を平均需要電力と等しくしておき，貯蔵効率は100％として余剰電力を貯蔵し，不足電力は貯蔵エネルギーを引き出してカバーする．貯蔵容量はある期間の貯蔵レベルの最大値と最小値の差として求めた．

　その結果は地域によって異なるが，アメリカの電力需要のピークが夏であるため，エネルギー貯蔵設備を最小とする太陽光：風力発電の比率はほぼ80：20で，必要なエネルギー貯蔵設備はアメリカの年間電力需要の15～30％，およそ8～16週間分となった．これは100％風力発電の場合の1/3～1/2に相当する．また，発電コストを最小とする風力発電比率は60～100％となった．

---

[9]　S. Becker, B. A. Frew, G. B. Andresen, T. Zeyer, S. Schramm, M. Greiner, and M. Z. Jacobson.: "Features of a Fully Renewable US Electricity System: Optimized Mixes of Wind and Solar PV and Transmission Grid Extensions." Energy 72 (2014)

(2) イギリスの電力系統における脱炭素研究[10]

　2030年の原子力，風力，ガス火力を主体とするイギリスのモデル電力系統で，年間の需給バランスによって電源構成を変えたときの脱炭素化について検討した．その結果，再生可能エネルギー100％導入の場合，天候に依存する再生可能エネルギーの出力低下期間は3週間程度続き，その間の不足電力量は60〜80億kW・h（イギリスの年間電力需要3170億kW・hの2〜2.5％）となる．イギリスの現在の揚水発電の容量は0.3億kW・h以下であり，揚水発電でこの不足電力を充足することはできない．これを家庭の蓄電池で貯蔵するとすれば，1家庭あたり300 kW・hの蓄電池または15台の電気自動車が必要となる（注　日本の標準的な住宅用蓄電池は10 kW・h程度）．大量のエネルギー貯蔵に適している圧縮空気貯蔵でも，現在のイギリス最大の岩塩洞窟の150万kW・hの設備が5000か所以上必要となる．水素貯蔵はエネルギー密度は高いが総合効率が低いためにコストはさらに高くなる．

　なおエネルギー貯蔵は，再生可能エネルギーの2〜3週間続く出力低下には信頼できる対策とならないが，変動再生可能エネルギーの数時間の出力変動対策としては有効である．

　結局，2030年の脱炭素目標に対して，気象に依存する太陽光・風力発電だけでは，大量のエネルギー貯蔵によっても対応できない．暗い風のない期間にも多くの燃料に依存しないためには，原子力，バイオマス，CCS付き火力発電のような炭素ゼロの安定電源（Zero Carbon Firm Capacity）が必要となる．

---

[10]　Gillespie, Angus, Derek Grieve, and Robert Sorrell. "Managing Flexibility Whilst Decarbonising the GB Electricity System" The Energy Research Partnership (2015)

(3) カリフォルニア州での再生可能エネルギー大量導入時の研究[11]

　カリフォルニア州のコンバインドサイクル天然ガス火力供給モデル系統について，IR（Intermittent Renewable，間欠的再生可能エネルギー，主に風力と太陽光発電）を増加した場合の年間1時間ごとの電力需給バランスを検討した結果，IRは設備利用率が低いためにIRを増加すると所要発電設備の合計は増加し，kW・hあたりの発電コストも増加する．

　また，太陽光・風力発電電力は夏場に多く，冬場に少ないために，夏場に大量の余剰電力が発生して，冬場に電力不足となり，IR導入率80％のケースでは，夏場に最大80億kW・h程度（カリフォルニア州の年間電力需要約2 000億kW・hの4％）の累積余剰電力が発生する（**図7・2**）．これを貯蔵して再利用するためには80億kW・hの蓄電池が必要となり，蓄電池の建設費単価を約500ドル/(kW・h) とすると，建設費は4兆ドル，年経費は4 800億ドルとなる（年経費率12％相当）．これはこのケースの蓄

図7・2　カリフォルニア州の年間累積余剰電力量

---

[11] S. Brick, and S. Thernstrom. "Renewables and Decarbonization: Studies of California, Wisconsin and Germany." The Electricity Journal 29 (2016)

電池を除いた全年経費 300 億ドルの 16 倍と異常な支出となる．ちなみに
カリフォルニア州の現在のエネルギー貯蔵容量は 1.5 億 kW·h 以下（主に
揚水発電）であり，上記の余剰電力を貯めるためには，数十倍に拡大する
必要があるが，カリフォルニア州での揚水地点はきわめて限られており，
そのような揚水発電の大規模な拡大は，全く見込みがない．

このように太陽光・風力発電の季節的変動は，通常考えられる貯蔵設備
を超える継続的な電力余剰と電力不足を生じるために，これを蓄電池で対
処するのはむずかしい．したがってバックアップの通常発電
（conventional generation）を残す必要があり，間欠的再生可能エネル
ギー比率の高い系統では，余剰電力の廃棄は避けられない．

⑷ アメリカの高脱炭素化への世紀なかば戦略[12]

アメリカ政府はパリ協定にそって，2050 年までに経済全体規模の温室
効果ガスの排出を 2005 年から 80 ％削減することを目標とする高脱炭素化
への世紀なかば戦略を発表し，この目標を達成するためには，次の主要な
三つの行動が必要としている．

ⅰ．低炭素エネルギーシステムへの移行　　エネルギー浪費の削減，電力
　　システムの脱炭素化，輸送・建築物・産業部門へのクリーン電力と低炭
　　素燃料の適用
ⅱ．森林，土壌，CO_2 除去技術による炭素の隔離
ⅲ．CO_2 以外の温室効果ガスの削減

特に，電力，居住・商用建築物，産業，輸送を含むエネルギー部門は，
アメリカの温室効果ガスの 80 ％を排出しており，次の対策を想定してい
る．

・エネルギー浪費の削減　　エネルギー効率の向上により，資源，温室効
　　果ガスの排出，コストが削減できる．この戦略では，2005 年から 2050

---

[12]　White House: "United States Mid–Century Strategy for Deep Decarbonization."
　　(2016)

年にかけて20％の一次エネルギーの削減を目指している.

・電力システムの脱炭素化　2050年までに，ほとんどすべての化石燃料発電は，再生可能エネルギー，原子力，CCUS付きの化石燃料とバイオエネルギーの低炭素技術に置き換えられる．太陽と風力の変動エネルギーは，需要調整，電力貯蔵，送電網の改善などの調整力によって拡張され，世紀なかばには電力の主力を担うことができる．2050年の発電ミックスは再生可能エネルギー55％，原子力17％，CCUS付き化石燃料20％とみている.

・輸送・建築・産業におけるクリーン電力と低炭素燃料への移行　現在，石油に依存している輸送部門を電気自動車に，ガス・石炭に依存している産業・建築部門の加熱を電気ヒートポンプに移行．電化のむずかしい航空機，長距離貨物自動車，一部の産業部門の加熱を水素・バイオマスに移行．これにより2005年から2050年への化石燃料の直接使用を，建築・産業・輸送部門でそれぞれ58％，55％，63％の減少を目標.

(5)　最近の文献にみる電力部門の高脱炭素の識見[13]

i　電力部門のCO_2排出は，IPCC（気候変動に関する政府間パネル）の気候政策目標を達成するために2050年までにほぼゼロに落とさなければならない.

ii　電力部門は，再生可能エネルギー，原子力，CCS付き化石燃料などの低炭素技術をもっており，これを交通，加熱，工業エネルギー需要の電化，脱炭素化に拡大していかなければならない.

iii　電力部門の高脱炭素化（Deep decarbonization）は，適度のCO_2排出削減より，かなりむずかしい.

iv　高脱炭素には，適度な目標とは異なった技術の組合せが必要で，次善の技術資源が消滅しないような長期的な計画が必要である.

---

[13]　Jesse D. Jenkins and Samuel Thernstrom: "Deep Decarbonization of the Electric Power Sector Insights from Recent Literature" Energy Innovation Reform Project (2017)

vi 再生可能エネルギーを主体とした高脱炭素の達成は，論理的には可能だが，種々の低炭素資源の組合せよりもむずかしく，費用が掛かる．

太陽光・風力発電の多い電力系統では，常に電力需要を充足するために，調整可能な発電設備を必要とし，間欠的な再生可能エネルギーをバックアップするために在来発電による陰のシステムが必要となっている．

太陽光・風力発電の出力低下時に信頼できる調整可能な電源がない場合，再生可能エネルギー比率が非常に高い電力系統では，季節的長期エネルギー貯蔵に頼らなければならない．一例として，アメリカ全土を風力と太陽光発電だけで供給するためには年間電力需要の 15〜30 %，8〜16 週間分の膨大な蓄電設備が必要とされている．太陽光・風力発電の割合が高くなると，エネルギー貯蔵，送電系統や需要面での対策を行っても，出力抑制は避けられない．

vii 原子力や CCS 付き化石燃料のような調整可能なベース電源は，高脱炭素を達成するためのコストと技術的課題を減少する．

viii 低炭素電源の多様な組合せは，余裕をもって電力系統の高脱炭素を達成するための最善策である．

ホワイトハウスはこれらを踏まえて，次のように結論づけている．広い範囲の発電技術を支持することは多くの利点がある．第一に，電力システムの脱炭素化はどれか一つの技術に依存するものではなく，ある技術が求める投資は他の技術の貢献によって減少する．第二に，広い領域の技術を支持することは，長期的な脱炭素コストを低減するだろう．なぜなら，われわれは数十年先の技術がどのように進歩するかわからないし，政策は最小コストの技術が浮かび上がるように，信頼性を確かめながら計画されるべきだから．

(6) 原子力と再エネの大量導入に伴う脱炭素コスト[14]

パリ協定を踏まえて OECD の電力部門の CO_2 排出量を現在の 430 g/(kW·h) から 50 g/(kW·h) に減少する制約のもとで，原子力を主体

とし水力とガス火力からなるベースケースに対して，原子力に代わって変動再生可能エネルギー（VRE，太陽光と風力発電）のシェアを増加したケースを比較検討した．

その結果，ベースケースに対してVRE 75％ケースでは，全発電設備容量は3.3倍，全コストは2倍程度に増加した．また，VREのシェアが30％を超えるとVREの出力抑制が必要となり，VRE 75％ではVRE出力の18％を抑制しなければならなくなる．

今後の電力部門の脱炭素化を進めるためには，次のような対策が必要である．
① 既設設備の効率的活用に有効な短期的市場競争の維持．
② 電力システムの安定運用に必要な電源設備の容量と出力調整能力および送配電設備を長期的に供給できる仕組みの構築．
③ 低炭素技術開発への長期的投資を促進するメカニズムの構築．持続的な低炭素システムの構築にはVRE，原子力，電力貯蔵技術，CCS付き火力発電など脱炭素技術の結集が必要であり，短期的市場競争を越えた観点からの長期的な投資が必要である．

7・4　2050年の電源ミックスの展望

太陽光・風力発電に関する本書の検討と最近の内外の技術動向からみると，わが国の2050年の電源構成について，現時点では次のように考えられる．
① 2050年までに温室効果ガスの排出を現在より80％削減するとすれば，そのための最も有力な技術をもっている電力エネルギー部門のCO_2排出量はほとんどゼロとする必要がある．
② そのためには安定な主力調整電源として現在電源の80％を担ってい

---

[14] OECD, NEA: "The Costs of Decarbonisation: System Costs with High Shares of Nuclear and Renewables" NEA No. 7299 (2019)

る化石燃料を使用する火力発電は，ほとんどゼロとするか，CO_2 の排出を抑制する CCS（二酸化炭素回収・貯留）設備を設置しなければならない．しかし，CCS は CO_2 の回収，液化，輸送，地下圧入施設など膨大な設備と費用を必要とし，現在は小規模な実証試験の段階で，将来の確実な実用化の見通しは立っていない．

③　太陽光・風力発電は発電コストは低下しているが，季節的な変動が大きく，大量に導入するとこれを平準化するために膨大な電力貯蔵設備が必要となる．電力貯蔵設備として現用の蓄電池ではコストが高く，これを含めた供給コストは発電コストの数十倍となるため，今後 2 桁以上のコストダウンが必要となる．余剰電力で水素を製造して貯蔵し必要なときに水素で発電する水素化は，余剰電力の利用，水素製造，貯蔵から発電にいたるサイクル効率が低く，大幅なコストアップが想定される．社会のすべてのエネルギーを電力と水素で賄う水素社会も構想されているが，いずれも現在は小規模実証試験の段階で将来の確実な実用化の見通しは立っていない．

④　原子力は 2011 年の福島発電所事故以来，あらゆる面で安全性の向上対策が進められているが，いまだに十分な国民の信頼を得られていない．

⑤　その他，水力，地熱，バイオマスなどの再生可能エネルギーは資源量に制約があり，将来の妥当なコストでの導入可能量は限られている．

アメリカのエネルギー研究チームの EIRP（Energy Innovation Reform Project）は次のように結論づけている[13]．

「最近の文献では，いろいろな解析手法，目標，展望を通しての一致した強い共通認識は，CO_2 排出ゼロまたはほぼゼロを目指す高脱炭素化を達成するためには，各種の低炭素資源の組合せ利用が最適であるということである．特に，原子力・バイオマス・水力・CCS のような調整可能な低炭素ベースロード資源は，高脱炭素化の最小コスト路線に不可欠である．最近の文献では，このような調整可能なベース電源を除いて，代わりに太陽光・風力のような変動再生可能エネルギー資源に多くを依存したら，脱炭素電力システムのコストと技術的課題が非常に増加することを示している．さらにゼロ排出を達成するためには，控えめな目標を達成するよりも

より多くの異なった設備のミックスが必要である．政策立案にあたっては，次善策への投資の削減に慎重であり，長期的目標に向けての行動を動機づける政策と市場メカニズムを考えるべきである」

　太陽光・風力発電は，資源量はほぼ無限でクリーンな脱炭素電源であるが，導入量を増加していくと余剰電力が発生し，それを回収するためには大量の電力貯蔵が必要になるから，今後，水素利用を含めた低コストの電力貯蔵方式の開発が必要となる．化石燃料火力発電のCCSについても今後の調査技術開発が望まれる．原子力についても不断の安全対策によって国民の信頼を高める必要がある．超長期の展望については，今後の技術開発，実用化見通しなどについては不確実な点が多いが，可能なかぎり各課題について研究を進め，各種の対策を結集して目標を達成する必要がある．そのためには短期的利益だけを目指す市場競争だけでなく，長期的な技術開発，戦略を織り込んだ市場メカニズム，政策展開が必要と考えられる．

あ と が き

　太陽光や風力などの再生可能エネルギーは太陽エネルギーを起源とするクリーンでほぼ無尽蔵な理想的エネルギーであり，超長期的には全てのエネルギーをこれに依存することが理想と考えられる．

　しかし再生可能エネルギーは，現代の人間社会の必要とするエネルギーとは時間的・地理的に，また量的・質的にも大きな隔たりがあり，これを一致させるには大量のエネルギー貯蔵など，再生可能エネルギーによる安定供給技術の大きな課題を乗り越えなければならない．これからもこれらの技術的課題には鋭意挑戦するにしても，その実現性には不確定要素も多く，現時点で一国の安全保障の根幹をなすエネルギー供給のすべてを太陽光，風力に頼る決断をするにはあまりにもリスクが大きすぎる．

　したがって超長期的な温室効果ガスの排出ゼロを目指すには，最近の内外の研究結果に見られるように，再生可能エネルギーを主体として，原子力，水力，CCS 付火力発電，大電力貯蔵のような各種の技術開発を進め，これらを結集して目標を達成することが大事だと考えられる．

　本書が，これからの太陽光，風力発電の安定供給と長期的電源ミックスの検討に少しでもお役に立てば幸甚である．

　終りに本書の出版に当たってご協力をいただいた電気書院の皆様に厚く御礼を申し上げる．

　2019 年 10 月

著者記す

索　引

【数・欧】

2050 年の電源ミックスの展望 ・・・・・・・・・91
3E ＋ S ・・・・・・・・・・・・・・・・・・・・・・・・・5
CCS の位置付け ・・・・・・・・・・・・・・・・・・82
CCS の構成と実証試験 ・・・・・・・・・・・・・83

【あ行】

圧縮空気 ・・・・・・・・・・・・・・・・・・・・・・・・78
エネルギー導入率 ・・・・・・・・・・・・・・・・・32

【か行】

海外の高脱炭素電源ミックスの研究 ・・・・85
各エネルギーの位置付けと
　政策の方向性 ・・・・・・・・・・・・・・・・・・・6
各エリアの太陽光発電の需給バランス ・・23
各エリアの風力発電の需給バランス ・・・・41
気候変動抑制に関する多国間の
　国際協定 ・・・・・・・・・・・・・・・・・・・・・・2
軽需要日の太陽光発電導入率と
　余剰電力 ・・・・・・・・・・・・・・・・・・・・・52
軽需要日の風力発電導入率と余剰電力 ・・65

【さ行】

最近の大電力貯蔵技術 ・・・・・・・・・・・・・・78
事故停止時間の指数分布 ・・・・・・・・・・・・29
主要国の温室効果ガス削減の中期目標 ・・・3
主要国の気象変動対策の長期戦略 ・・・・・・4
主要国の電源構成の見通し ・・・・・・・・・・・8
水素化 ・・・・・・・・・・・・・・・・・・・・・・・・・80
設備利用率 ・・・・・・・・・・・・・・・・・・・・・・10
全国太陽光発電の年間需給バランス ・・・・20
全国風力発電の年間需給バランス ・・・・・・38

【た行】

第 5 次エネルギー基本計画 ・・・・・・・・・・・・5

大電力長期貯蔵技術の比較 ・・・・・・・・・・・81
太陽光・風力発電が余剰を生じる
　導入率 ・・・・・・・・・・・・・・・・・・・・・・・58
太陽光・風力発電と安定電源併用
　供給コスト ・・・・・・・・・・・・・・・・・・・・75
太陽光・風力発電と蓄電池による
　供給コスト ・・・・・・・・・・・・・・・・・・・・70
太陽光発電の低出力継続期間に必要な
　蓄電池容量 ・・・・・・・・・・・・・・・・・・・・30
太陽光発電供給モデル ・・・・・・・・・・・・・・26
太陽光発電持続曲線 ・・・・・・・・・・・・・・・・53
太陽光発電と火力発電併用時の
　近似持続曲線 ・・・・・・・・・・・・・・・・・・56
太陽光発電と火力発電併用時の
　持続曲線 ・・・・・・・・・・・・・・・・・・・・・54
太陽光発電と蓄電池の短期需給
　バランス ・・・・・・・・・・・・・・・・・・・・・16
太陽光発電と蓄電池の年間需給
　バランス ・・・・・・・・・・・・・・・・・・・・・17
太陽光発電と日射量の相関 ・・・・・・・・・・・20
太陽光発電の持続曲線と近似線 ・・・・・・・・55
太陽光発電の需給バランス期間と
　蓄電池所要容量例 ・・・・・・・・・・・・・・・28
太陽光発電の導入率と余剰率 ・・・・・・・・・・51
太陽光発電用蓄電池容量例 ・・・・・・・・・・・24
短周期変動を平滑化するために必要な
　蓄電池容量 ・・・・・・・・・・・・・・・・・・・・36
地球温暖化対策計画 ・・・・・・・・・・・・・・・・・3
蓄電池 ・・・・・・・・・・・・・・・・・・・・・・・・・78
蓄電池容量を最小とする
　太陽光・風力発電の組合せ ・・・・・・・・・72
長期電力エネルギー需給見通し ・・・・・・・・6
低出力継続期間に必要な
　蓄電池容量 ・・・・・・・・・・・・・・・・17, 36
電力貯蔵用蓄電池の比較 ・・・・・・・・・・・・80

▶▶ 95 ▶▶

【な行】

二酸化炭素の回収・貯留技術
　（CCS）‥‥‥‥‥‥‥‥‥‥‥‥‥82
日間需給バランスに必要な
　蓄電池容量‥‥‥‥‥‥‥‥‥‥‥16

【は行】

パリ協定‥‥‥‥‥‥‥‥‥‥‥‥‥‥2
風力発電供給に必要な蓄電池容量例‥‥42
風力発電供給モデル‥‥‥‥‥‥‥‥43
風力発電持続曲線‥‥‥‥‥‥‥‥‥66
風力発電の持続曲線と近似線‥‥‥‥‥66
風力発電と火力発電併用時の
　近似持続曲線‥‥‥‥‥‥‥‥‥‥67
風力発電と火力発電併用時の
　持続曲線‥‥‥‥‥‥‥‥‥‥‥‥67
風力発電と蓄電池による
　短期需給バランス‥‥‥‥‥‥‥‥36

風力発電と蓄電池による
　年間需給バランス‥‥‥‥‥‥‥‥37
風力発電と風速の相関‥‥‥‥‥‥‥39
風力発電の需給バランス期間と
　蓄電池所要容量例‥‥‥‥‥‥‥‥45
風力発電の短周期変動の平準化に
　必要な蓄電池容量‥‥‥‥‥‥‥‥46
風力発電の低出力継続期間に必要な
　蓄電池容量‥‥‥‥‥‥‥‥‥‥‥31
風力発電の導入率と余剰電力‥‥‥‥64
変動再生可能エネルギー（VRE）‥‥‥9
変動再生可能エネルギーの
　安定化対策‥‥‥‥‥‥‥‥‥‥‥12
変動再生可能エネルギーの系統特性‥‥‥9

【や行】

揚水発電‥‥‥‥‥‥‥‥‥‥‥‥‥78
容量導入率‥‥‥‥‥‥‥‥‥‥25, 32
余剰電力蓄電の経済性‥‥‥‥‥‥‥75

―― 著 者 略 歴 ――

新田目　倖造（あらため　こうぞう）

昭 和 34 年	東京大学工学部電気工学科卒業
同　　　年	東北電力株式会社入社
	給電部給電課配属
	系統保護継電方式の計画，運用，開発，安定度解
	析など系統技術開発に従事
昭 和 52 年	技術部技術開発課副長
昭 和 54 年	技術部技術計画課長
昭 和 56 年	企画室総合計画課長
昭 和 63 年	技術開発本部技術開発部長
平 成 3 年	取締役技術部長
平 成 5 年	常務取締役
平 成 11 年	北日本電線株式会社社長
平 成 17 年	同社会長
平 成 20 年	同社相談役
平 成 23 年	同社相談役退任．現在に至る

Ⓒ Kozo Aratame　2019

太陽光・風力発電の安定供給対策

2019年11月22日　　第1版第 1刷発行

著　者	新　田　目　倖　造	
発 行 者	田　中　久　喜	

発 行 所
株式会社 電 気 書 院
ホームページ　www.denkishoin.co.jp
（振替口座　00190-5-18837）
〒101-0051　東京都千代田区神田神保町1-3ミヤタビル2F
電話(03)5259-9160／FAX(03)5259-9162

印刷　中央精版印刷株式会社
Printed in Japan／ISBN 978-4-485-66553-4

- 落丁・乱丁の際は，送料弊社負担にてお取り替えいたします．
- 正誤のお問合せにつきましては，書名・版刷を明記の上，編集部宛に郵送・FAX (03-5259-9162) いただくか，当社ホームページの「お問い合わせ」をご利用ください．電話での質問はお受けできません．

JCOPY 〈(社)出版者著作権管理機構 委託出版物〉

本書の無断複写（電子化含む）は著作権法上での例外を除き禁じられています．複写される場合は，そのつど事前に，(社)出版者著作権管理機構（電話：03-5244-5088, FAX 03-5244-5089, e-mail: info@jcopy.or.jp）の許諾を得てください．また本書を代行業者等の第三者に依頼してスキャンやデジタル化することは，たとえ個人や家庭内での利用であっても一切認められません．